Abysses

深海探秘

过去走向未来的史诗

[法]米歇尔·维奥特(Michel Viotte)
[法]奥利维耶·迪富尔诺(Olivier Dufourneaud) 著
冯倩萍 林毓铃 译

中国出版集团
中译出版社

前 言

摩纳哥阿尔贝二世亲王
（S.A.S. Albert II de Monaco）

长期以来，海洋一直深藏在我们这颗星球的角落中。由于人类很少或者很难进入其中，海洋领域没有引起太多的关注，甚至让普通人敬而远之。直到 20 世纪，这个“角落”才成为人类探索、发现之地，同时催生了一个新的科学领域：海洋学（océanographie）。我的先辈阿尔贝一世亲王（prince Albert Ier）曾经对海洋的研究和探索充满激情。2022 年是阿尔贝一世亲王逝世 100 周年，我想要通过分享这位航海亲王丰富的海底生命探索成果来表达对他的纪念，与此同时，审视他提出的反对过度开发海洋的警示。

这个隐藏的“角落”，覆盖了地球超过 70% 的面积，是这颗星球上生命的摇篮，保护了从海岸到海底深处的物种多样性。最近的科学研究也揭示了海洋对地球生态平衡的重要作用，尤其是气候方面的作用。

20 世纪中叶，海底世界不再是少数深海工作者的专属领域，民众也被海底探索的图像所深深吸引。小时候，我怀着极大的好奇心关注着这一类的探险活动，并很幸运地能与其中一位主流航海探险人物——库斯托（Cousteau）少校——保持联系，当时他是摩纳哥海洋博物馆的负责人。从水肺潜水[1]（plongée autonome）到潜水艇，新探索技术的发展也极大地促进了人们对海洋的认识和了解。原位观察可以对动物、栖息地以及两者间的相互作用进行直接的观察，这个方法为了解海洋世界的生态系统奠定了基础。

随着这种观察海底世界的技术的发展，保护环境的意识在 20 世纪末也得到了发展。可惜的是，这种环保意识反映的是对海洋环境的担忧。那些长久以来对海怪、海难产生的恐惧已经被石油泄漏、过度捕捞和大量的塑料垃圾所造成的危害取代。因为发展和生产，海洋在向人类展开报复。

我们常常听到海洋正在不可避免地走向死亡的论调。那么，现代的科学考察、研究工作者会因此而止步于观察、记录海洋死亡的过程吗？我认为不是这样的。正如在陆地上一样，这些科学工作者不仅观察记录、测量、解释海洋中显而易见的问题，而且他们也揭示出海洋中生物多样性的可能性，同时也强调了海洋生态系统所具备的自我修复的能力，一旦人类减少对海洋的破坏，海洋生态系统就会进行自我调节和修复。

我有幸在世界各地和一些长期致力于保护海洋的著名专家、爱好者一起潜水。正是这些夹杂着对海洋世界的惊叹、担忧和希望的体验，孕育了我心中致力于在人类与海洋之间建立更加可持续关系的使命。

1 水肺潜水，指潜水员自行携带水下呼吸系统所进行的潜水活动。其中有开放式呼吸系统及封闭式呼吸系统，原理都是利用调节器装置把气瓶中的压缩气体转化成可供人体正常呼吸的压力。

因此，海底世界的探索应该是获取用以启发行动的知识的途径。这是我的曾祖父阿尔贝一世亲王曾经追求的目标，他说过：“海洋学还应以指出过度开发海洋资源的危害为责，无论是哪一个国家造成的、也不管是规定缺漏或监管不善等任何原因造成的危害。心系众生，或许就是对海洋学最大的称赞了。”

海洋探索还能激发我们内心对其他物种的善意和关心，并付诸行动，因为我们与它们共享了唯一的海洋和星球。这样的同理心必不可少，因为，正如雅克 -伊夫 · 库斯托（Jacques-Yves Cousteau）所说：“我们只保护我们所爱的东西。”

这就是为什么我们持续地关注认知与行动，以及探索、科学、经济、政治、艺术和自然协调之间的联系，摩纳哥的许多机构，包括了阿尔贝一世亲王创立的海洋研究所，以及我自己创立的基金会，我们都在为此做着同样的努力。

我们探索出地球能生产和消耗资源的极限值。在这个范围内，海洋对人类的繁荣发展起着决定性作用。海洋可以持续地为满足我们的各类需求做出贡献，包括食物、健康、能源、生活环境以及灵感等方面。

人类对海洋内部的探索才刚刚开始。甚至在认识和理解海洋之前，我们就已经在开发和利用海洋资源了。现在，让我们学会尊重其他物种并与它们和谐共存，让我们把海洋打造成为各国人民团结一致、与其他生物和平共处的空间。

（如无特别说明，本书插图均为原书插图。）

◀ 亚历山大大帝（Alexandre le Grand）把自己装进一个玻璃壁的大桶并浸入海水，借此观察海底。羊皮纸上的缩影画，15 世纪，出自《亚历山大大帝——马其顿王国国王的功绩和历史》（*La Geste ou histoire du noble roy Alixandre, roy de Macedonne*），根据讷韦尔和埃唐普伯爵（comte de Nevers et d' Étampes）、布拉邦公爵（duc de Brabant）让·德·勃艮地（Jean de Bourgogne）的命令，从一本名为 *l'Istore Alixandre* 的押韵书中翻译而来。法国国家图书馆，ms.fr. 9342，第 182 页正面。

人们普遍认为历史上的第一次潜水活动是由亚历山大大帝进行的，在这次潜水活动中，他先站进一个玻璃壁的大桶中，然后将桶浸入地中海，从而可以观察海洋生物的变化。这个中世纪的传说孕育了后来人们探索海底世界的全部驱动因素：技术挑战、人类冒险、奇迹的源泉和对新资源的渴望。这次潜水活动让亚历山大大帝的科学顾问亚里士多德（Aristote）成为水下观测装置的第一位发明者。儒勒·凡尔纳（Jules Verne）在《海底两万里》（1870）中借用了这个潜水方法，最终，潜水活动在 20 世纪上半叶得以实现。总的来说，这一与古代最伟大的皇帝有关的事件并非无关紧要：从 20 世纪 60 年代大陆架的碳氢化合物到今天深渊的矿物，对海洋深处的向往仍然与获取新资源的渴望密不可分。

目 录

▲ 在亚速尔群岛（Açores）的“爱丽丝公主号”（Princesse Alice）
这是为阿尔贝一世亲王做自然研究而专门制造的第一艘三桅帆船，以他第二任妻子的名字命名，总长为53米。“爱丽丝公主号”于1891年建造完成，船上有三个实验室，均配备可移动的操作台、电力、冷藏室、海水蒸馏器和蒸汽动力探测器。

第一章 海洋学的先驱们

自古代以来，海上航线的发展、造船技术的精进以及航海工具的进步让人们对海洋事物的了解越来越深入。海洋地图的精确度越来越高，与此同时，人类对季风、洋流和潮汐的了解也不断加深。

从15世纪麦哲伦环球航行的航海大发现，哥伦布，再到瓦斯科·德·伽马（Vasco de Gama）开拓欧印线路和启蒙运动，不管是詹姆斯·库克（James Cook）[①]、路易斯·安托万·德·布干维尔（Louis Antoine de Bougainville）[②]还是让-弗朗索瓦·拉佩鲁斯（Jean-François Lapérouse）[③]，都紧随着先人的步伐，致力于多样化的海洋探险任务和科学探索征程。然而在大型的殖民运动的背景下，这些航海家也只对新发现的大陆感兴趣，而船上的科学家和绘图员主要专注于研究沿途停留站的植物、动物和地质情况。

19世纪上半叶，达尔文（Charles Darwin），这位未来写下关于自然选择的巨作《论物种起源》（*De l' origine des espèces par voie de sélection naturelle*）的博物学家，在英国皇家海军舰艇“贝格尔号”（HMS Beagle）上进行著名的环球航行（1831—1836）期间，开始了对海底世界的初步研究工作，特别是对浮游生物和珊瑚礁的形成原因的研究，这些研究意义重大。几年后，众多致力于海洋生物学研究的实验室陆续在法国沿海乃至海外成立，专门的玻璃水族缸也设立起来，以便于存放在沿海地区采集的活体标本。

到了19世纪中叶，作为一门用于描绘海洋和海洋多物种生物的综合性的新科学，海洋学的诞生只是时间早晚的问题……

① 英国著名库克船长，是首批登大洋洲东岸、夏威夷群岛的欧洲人，持有首次欧洲船只环绕新西兰航行纪录。

② 法国第一位完成环球航行的探险家。

③ 法国著名的航海家。

▲《约拿被鲸鱼吞没》（*Jonas englonti par la baleine*）蚀刻版画，可能是由佛兰德艺术家约翰·萨德勒（Johan Sadeler）在 16 世纪末制作。

来自《哈珀周刊》（*Harper's Weekly*）的插图，画的是1860年1月22日在百慕大海岸发现的一条海蛇。

海洋，所有幻想的聚集地

在很长一段时间内，人们对于“海王星王国”（royaume de Neptune）[1] 这片海域知之甚少，甚至仅限于航海地图上位置。它就是一个通道，是一片宽阔但气候恶劣、海怪聚居的可怕的海域，在此停留十分危险。对未知的恐惧滋生了人们对这片海域的千百种幻想和猜测，乃至发展成深入人心的迷信：勾引人的美人鱼、海上的仙女[2]、半人半鱼海神[3]、杀人鲸、海蛇[4]、体积大到无法测量的大白鲨……这些吓人的形象为人们提供了一个认识海洋生物的具象真实但又充满想象的视角，这些生物形象尚未经科学证实，与我们的亲身经历有一定差距，大部分人只能从水手和航海家的游记或在港口小酒馆的只言片语中略有所知。

深海巨兽利维坦（Léviathan），一条邪恶的吐火海蛇，不就是如今被动物学家誉为“鲱鱼之王”、体长达11米的皇带鱼（régalec）？传说中的海中独角兽不就是生活在北极地区、长着迷人的螺纹牙的独角鲸（narval）[5]？ 还有传说中的斯堪的纳维亚[6]海妖，能吞没整艘船的巨型乌贼，不就是2013年被拍摄到的，生活在数百米水深、体长可超过20米的大王乌贼（学名：Architeuthis dux）？

还有长满鳞片的狮子、海洋里的马、带翅膀的鱼……在文艺复兴时期的航海图上，这片广阔的待开发区域中孕育出了完整的有关动物怪兽的故事。我们甚至发现这些故事在动物学论文中被引用，例如，1551年博物学家皮埃尔·贝隆（Pierre Bellon）的博物学著作《奇特的海洋鱼类的种类发展史》（*Histoire naturelle des estranges poissons marins*）……

1. “海王星王国”包括由伊斯基亚岛、普罗奇达岛和维瓦拉岛组成的弗莱格雷奥群岛周围的海域。
2. 海上仙女：原书中为néréide，是希腊神话中的海上仙女。
3. 海神：希腊神话中海神为半人半鱼。
4. 海蛇：欧洲神话故事中的怪兽。
5. 独角鲸：又叫一角鲸，系一角鲸科其中一个属，独角鲸是世界上唯一长着螺纹牙的动物。
6. 斯堪的纳维亚：地理上指斯堪的纳维亚半岛，包括挪威和瑞典。

海底电缆的铺设

1832年国际编码语言“摩斯电码”[1]发明，电报随之诞生，这是一场真正的技术革命，人们也因此能够进行长距离的即时通信，这也间接地促进了人们对海底世界的探索。但是为了连接被海洋隔开的地区，必须在海底铺设电缆。

在多番尝试失败后，世界上第一条海底电缆终于在1852年铺设完成，连接了英国的城市多佛与法国的城市加莱。

架设一条跨大西洋的电缆对当时的技术而言是个巨大的挑战。1853年至1857年间，美国和英国确定电缆铺设的最佳位置，根据地形情况开展了大型的地质钻探活动，按照每隔100千米进行取样的原则，同时采集地质样品和水样。采集地质样本是为了确定海底地质，避开土质过于松散的区域；采集水样是为了更好地评估腐蚀风险。腐蚀风险是这条跨大西洋电缆的制造商美国实业家赛勒斯·韦斯特菲尔德（Cyrus West Field）最为关心的问题。投放电缆的工作从大西洋中部开始，两艘船相背而行，一艘船朝爱尔兰方向行驶，另一艘朝纽芬兰方向行驶。最终在4200千米的距离内铺设了7000多吨电缆！1858年8月14日，第一条跨大西洋的电缆铺设完成，维多利亚女王用摩斯电码向时任美国总统詹姆士·布坎南（James Buchanan）发出了具有象征性意义的第一封电报。此次事件被广为宣传，引发了群众热议。但几个月后由于绝缘护套被腐蚀，这条电缆出现故障停止了工作。直到近8年之后，即1866年，人们铺设了更为可靠耐用的新电缆，通信才最终恢复。

从此，海底电缆网快速发展起来。1872年，海底电缆的总长度已经达到5万千米，电缆线路的维护也促使人们对海洋数据有了更为细致的研究。英国博物学家爱德华·福布斯（Edward Forbes）认为，由于没有光，再加上寒冷和高水压，任何生物都无法在550米以下的水域生存。这次大型的工业探险活动推翻了福布斯的理论。在1861年，法国动物学家亨利·米尔恩-爱德华兹（Henri Milne-Edwards）在撒丁岛和阿尔及利亚之间水下1800米的电缆上发现珊瑚和软体动物的存在。因此，深海中是有生命存在的！

那么，极限在哪里呢？

“所有一切都是由浅入深的：我们铺设了电缆，再去寻求更深层次的东西。就电缆而言，当我们拖缆线时，电缆不会垂直下降，会倾斜。也就是说如果要在5000米深的地方施工，我们需要将近8000米的电缆。从技术上讲，您知道这意味着什么吗？生产电缆、在海底展开电缆、重新卷起电缆且不打结……这些技术在19世纪下半叶已经非常成熟，甚至我们现在仍或多或少在沿用同样的技术！”

——法国国家自然历史博物馆（Muséum national d’histoire naturelle）馆长布鲁诺·戴维（Bruno David）

[1] 摩斯电码：又叫莫斯密码，通过不同的排列顺序来代表不同的英文字母、数字和标点符号。

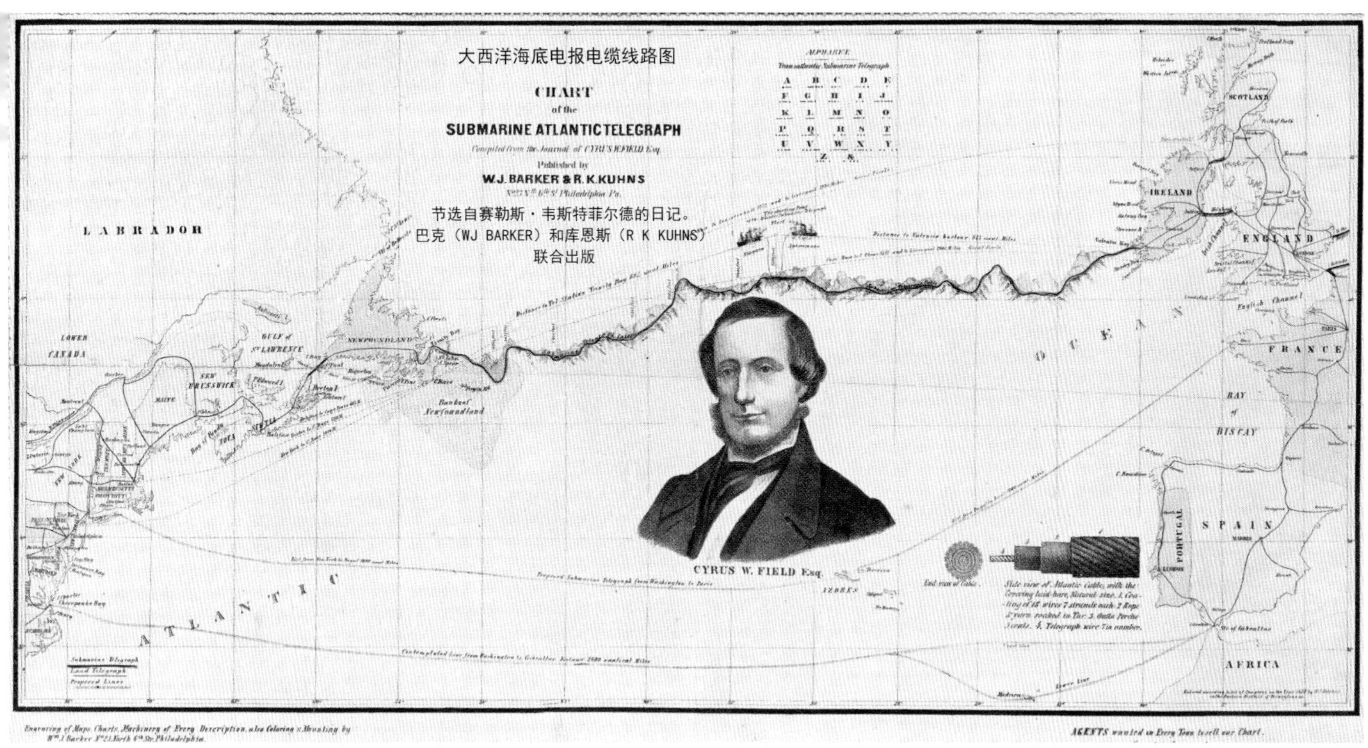

▲ 1858 年大西洋海底电缆路线的详细地图。

Land Telegraph
陆地电报电缆线路
Proposed Lines
拟建电报电缆线路
Alphabet
字母表
Transatlantic submarine telegraph
横跨大西洋海底电缆线路

LABRADOR 拉布拉多（加拿大）
LOWER CANADA 下加拿大（指加拿大魁北克州）
Montreal 蒙特利尔
Quebec 魁北克
Kingston 金斯顿（加拿大）
L' Ontario 安大略省（加拿大）
Lake champlain 尚普兰湖
Halifax 哈利法克斯

Maine 缅因州
Bangor 班戈
Augusta 奥古斯塔
New York 纽约
Albany 奥尔巴尼（纽约州首府）
Burlington 伯灵顿
Vermont 佛蒙特州
Portland 波特兰
Concord 康科德
Portsmouth 朴次茅斯
Boston 波士顿
Pennsylvania 宾夕法尼亚州
Massachusetts 马萨诸塞州
Connecticut 康涅狄格州
Philadelphia 费城
Wilmington 威尔明顿
Cap may 开普梅
Delaware bay 德拉瓦湾
Chesapeake bay 切萨皮克湾
North Carolina 北卡罗来纳州
New bruswick
新布朗斯维克
Bay of fundy 芬迪湾
Nova Scotia 新斯科舍省
Anticosti 安蒂科斯蒂岛
Gulf of Saint Lawrence 圣罗伦斯湾
Magdalen 马德莱娜群岛
Prince Edward Island 爱德华一世王子岛
Newfoundland 纽芬兰省
Miquelon 密克隆岛
Trinity bay 特里尼蒂湾
St. John 圣约翰（加拿大纽芬兰省首府）
Cape / C. Spear 斯必尔角
Cape / C. Race 雷斯角
Banks of newfoundland 纽芬兰大浅滩

End view of Cable
电缆横截面视图

Side view of Atlantic Cable, with the covering laid bare, natural size.
1. coating of 18 wires 7strands each 2 rope &yarn soaked in tar. 3. Gutta perche 3 coats. 4. Telegraph wire 7in number.
大西洋电报电缆的纵截面视图，展示电缆芯及其保护层，实物尺寸。1 层：18 股钢丝，每股由 7 股细丝拧成；2 层：浸润焦油的纺织纤维；3 层：橡胶保护层 3 层；4 层：7 英寸的电报缆线芯。

Hebrides or western Islands 赫布里底群岛
C. WRATH 风怒角
PENTLAND frith 彭特兰湾
Aberdeen 阿伯丁
Scotland 苏格兰
Frith of forth 福斯湾
Edinburgh 爱丁堡
Glasgow 格拉斯哥
Newcastle 纽卡斯特
ATLANTIC 大西洋

IRLAND 爱尔兰
Dublin 都柏林
Donegal bay 多尼戈尔港
Galway bay 戈尔韦湾
Galway 戈尔韦
Shannon R 香农
Urris head 乌利斯海岬
Styne head 斯泰恩海岬
Valentin bay 瓦伦丁湾
Belfast 贝尔法斯特
Bandry bay 班德里湾
Cape clear 克利尔角
Irish channel 爱尔兰海峡
English Channel 英吉利海峡
ENGLAND 英格兰
London 伦敦
Holyhead 霍利希德
York 约克
Manchester 曼城
Liverpool 利物浦
Lands End 兰兹角
Portsmouth 朴次茅斯
Portland 波特兰
Ostende 奥斯坦德
Hull 赫尔
FRANCE 法国
Paris 巴黎
Nantes 南特
Orleans 奥尔良
Brest 布雷斯特
Havre 勒阿弗尔
Bordeaux 波尔多
Toulouse 图卢兹
BAY OF BISCAY 比斯开湾

SPAIN 西班牙
Madrid 马德里

Gibraltar 直布罗陀（英国）
Strait of Gibraltar 直布罗陀海峡

AFRICA 非洲

PORTUGAL 葡萄牙
Lisbon 里斯本
Azores 亚速尔群岛
Fayal 法亚尔岛
Tercera 特塞拉岛
St. Miguel 圣米格尔岛
St. Maria 圣玛丽亚岛
Bristol channel 布里斯托尔海峡

线路：
Cape race to Innistrahull 1772 and to Liverpool 1970 miles (great circle)
雷斯角至因尼斯特拉赫尔（爱尔兰）1772 海里，到利物浦（英格兰）1970 海里（大环线）

The starting point of the Atlantic telegraph Fleet
跨大西洋电报电缆铺设舰队起点
Niagara "尼亚加拉"号
Agamemnon "阿伽门农"号
Distance to tel station trinity bay 882 naut. Miles
距离特里尼蒂湾的电报中心 882 海里
Distance to Valentin harbor 813 naut miles
距离瓦伦丁海港 813 海里
Cape race to C clear 1213 and to Liverpool 2003 miles (great circle)
雷斯角至克利尔角 1213 海里，至利物浦 2003 海里（大环线）
Quebec to C race 860M
魁北克至克利尔角 860 海里
Halifax to cape race 463M
哈利法克斯至雷斯角 463 海里
Boston to C Race 820M
波士顿至雷斯角 820 海里
New York to C race 1010M
纽约至雷斯角 1010 海里
Dist from New York to Fayal 1800 naut. miles
纽约距离法亚尔岛 1800 海里
proposed submarine telegh from Washington to Paris 华盛顿到巴黎的规划电报电缆线路
Dist from Fayal to Brest 1000 naut Miles
法亚尔岛距离布雷斯特 1000 海里
Contemplated line from Washington to Gibraltar, distance 2600 nautical miles, upper line
华盛顿至直布罗陀的规划电报电缆线路，距离 2600 海里，高处线路
Madeira, lower line
马德拉群岛（葡萄牙），低处线路
AGENTS wanted on Every Town to sell our Chart.
各个城市招聘图纸销售员

▶ “大东方号”（SS Great Eastern）的甲板上，用于铺设跨大西洋电缆的设备，1866年，罗伯特·查尔斯·达德利（Robert Charles Dudley）绘。

◀（左上）“挑战者号”。

◀（左下）在英国皇家海军舰艇“阿伽门农号”（HMS Agamemnon）上卷电报电缆。插图出现于1857年8月1日的《伦敦新闻》（*London News*）。

英国“挑战者号”环球海洋考察

从此，海洋成为多项科学研究的主题：在北海和波罗的海，德国动物学家维克多·汉森（Victor Hensen）研究了随洋流漂移的悬浮微生物，他将其命名为“浮游生物”（来自希腊语 plagktos，意为“漂泊的，流浪的”）；在大西洋和地中海，苏格兰博物学家查尔斯·威维尔·汤姆森（Charles Wyville Thomson）在“闪电号”（Lighting）和“豪猪号”（Porcupine）上进行了一系列深达 4500 米的测量和采样，证明了丰富的生命形态存在于深海处。他的作品《海洋的深度》（*Les Abîmes de la mer*）于 1873 年出版，如今被认为是第一部关于海洋深处的科学著作。汤姆森构想了一个更加雄心勃勃的计划：在世界范围内进行第一次重大的环球海洋考察。这位科学家说服英国皇家海军部将舰艇“挑战者号”（HMS Challenger）交给他使用，这是一艘排水量达 2300 吨的护卫舰，配有蒸汽机，长约 60 米。为执行新任务，这艘船被全面改装了：拆除了大炮、配备了两个专门用于研究动物学和化学的实验室、一个用于冲洗影像照片的暗室。在甲板上，一个大型的卷扬机可以操作探测探头和拖网。船上装备了所有作业设备，通常会针对具体使用场景进行布置或调整：拖网、渔网、颠倒温度计、带截止阀[1]的采样瓶。

1872 年12 月21 日，“挑战者”号离开英国朴次茅斯，载有 23 名军官、243 名船员和一个科学小组。除了汤姆森之外，科学考察小组还包括1 名博物学家、1 名测量和采样仪器专家、1 名海洋无脊椎动物专家和 1 名甲壳类动物专家，以及1 名制图员。科考操作程序非常精确：每隔 400 千米，科考组就会建立一个“水文站点”来收集新数据：用金属绳索（实际上是钢琴弦）做勘察，对水文断面进行水样采集、温度测量、沉积物分析。科考组还研究了水下动物群，收集样品的方法是用渔网和拖网进行捕捞。

这场环球海洋考察历时三年半。“挑战者号”在全球除北冰洋以外的所有海洋上航行了 130000 千米。在

1 截止阀：也叫阀门，是使用最广泛的阀门之一。

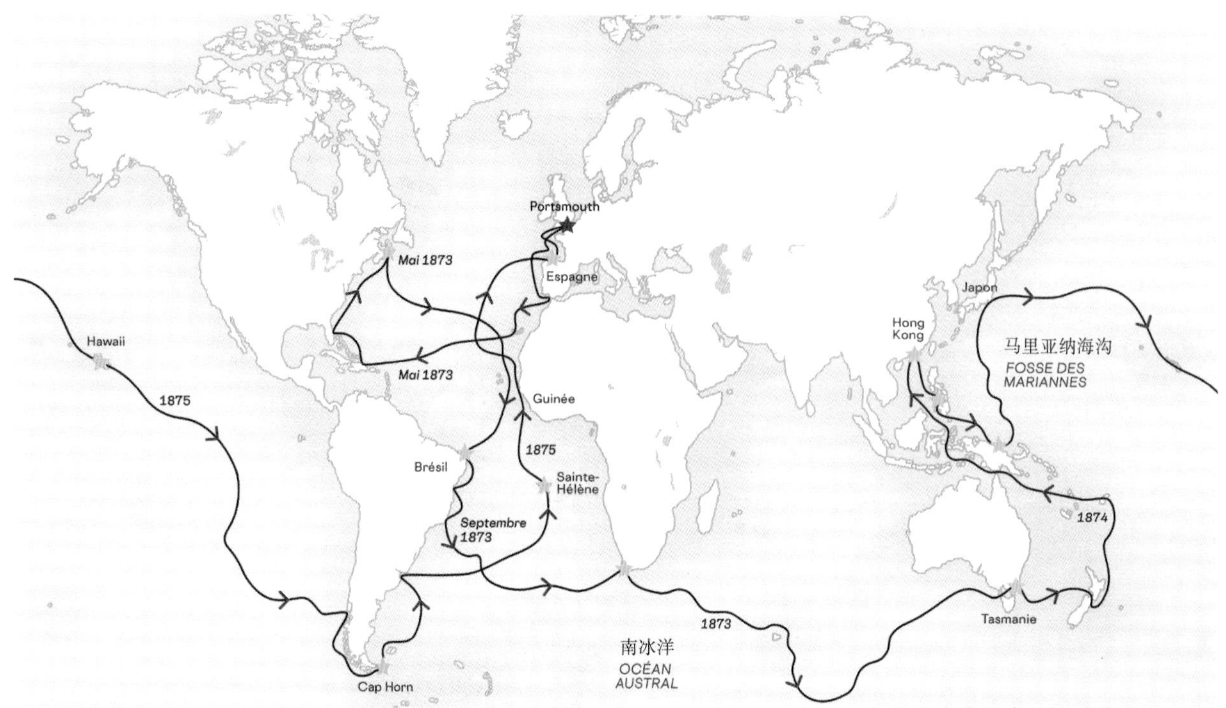

▲“挑战者”号环球海洋考察路线，1872 年 12 月—1876 年 5 月。
朴次茅斯（英国）– 西班牙 –1873 年 5 月 – 巴西 –1873 年 9 月 – 塔斯马尼亚岛（澳大利亚）–1874 年 – 香港（中国）– 日本 – 夏威夷（美国）–1875 年 – 合恩角（智利）– 圣赫勒拿岛（非洲，英国）– 几内亚 – 西班牙 – 朴次茅斯

这次长期科考探险中，包括 1 名科学家在内共 10 人丧生，60 名船员逃跑了！然而科学收获是无价的：本次考察发现了近 4000个海洋新物种，有些物种的样本采集深度达到 5200 米，创下了纪录。经过对在日本海域勘察期间提取的沉积物样品进行分析，发现甚至在 7200 米水深处仍有生命的迹象。通过分析建设 362 个“水文站点”得到的勘察数据，发现大西洋中部存在水下山脉：根据汤姆森的说法，“一条高达 3400 米的山脊”从北到南穿越这片海洋。这些调查获得的全部资料和样品经过接近 20 年的整理分析和悉心研究，最后被编纂成 50 卷合计近 30000 页的科学考察调查报告！“海洋科学”迸发出新的发展势头，并传递出知识竞赛的强烈信号。“挑战者号”树立的榜样很快就被其他国家效仿。

“第一张海底地形全图是基于‘挑战者号’上的科学家们所做的测量来完成的。多亏了他们，我们才能够发现海底并不平坦，那里有山谷、山脉，那里的地形比陆地上起伏更加明显……这些科学家还组建了一个世界性的专家网络，以研究调查获得的资料，这些研究构成了认知深海生物的基础数据库。”

——法国国家自然历史博物馆的生物学家
莎拉·萨马迪（Sarah Samadi）

▲（左上）查尔斯·威维尔·汤姆森爵士（1830—1882），“挑战者号”环球海洋考察科学负责人。

▲（右上）在“挑战者号”上收网。《人类与地球的伟大探索》（*Les Races humaines et les grandes explorations du globe*）的插图，书籍作者阿道夫·比塔尔（Adolphe Bitard），1880 年出版。

◄“挑战者号”上的实验室。《神奇的世界》（*Le Monde des merveilles*）的插图，书籍作者阿道夫·比塔尔，1878 年出版。

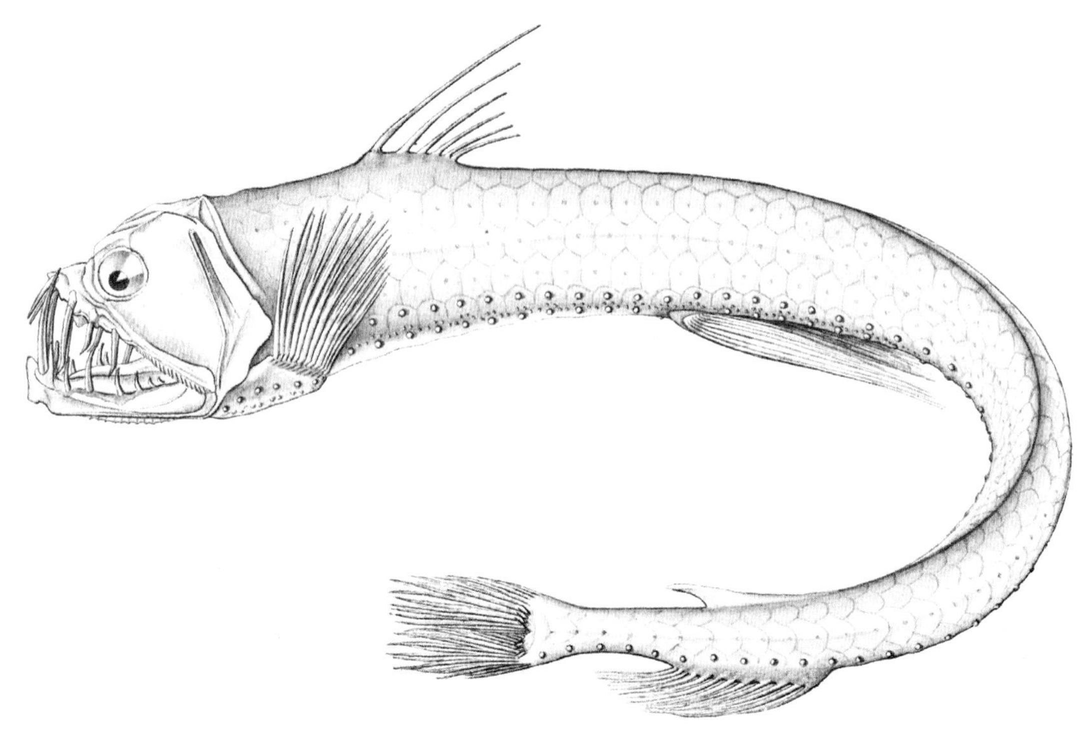

“‘挑战者号’的环球海洋考察标志着大型海洋学科学考察的开始。自此之后，每个人都想去探索海底深渊，每次都有新的物种被带回船上，这激起了人们对海洋考察的热情，也促进了人们对海洋生物多样性的认识。”

——法国国家自然历史博物馆馆长
布鲁诺·戴维（Bruno David）

▲“挑战者号”捕获的蝰鱼[1]（学名：Chauliodus）的画像，在航行期间制作完成。

▶ 动物学家阿尔方斯·米尔恩-爱德华兹（Alphonse Milne-Edwards，1835—1900），1891年至1900年担任巴黎国家自然历史博物馆馆长。

1 蝰鱼（学名：Chauliodus）是一种小型暖水性且具代表性的深海发光鱼类。

海洋考察的国际发展势头

在法国，法国海军给研究人员提供了两艘舰艇：“工人号”（Travailleur），一艘47米长的带轮式护卫舰，以及“护身符号”（Talisman），一艘70米长的混合推进动力的侦察用舰艇。在1880年至1884年间，好几项科学考察运动是由巴黎自然历史博物馆动物学教授阿尔方斯·米尔恩-爱德华兹[动物学家亨利·米尔恩-爱德华兹（Henri Milne-Edwards）的儿子]指导开展的。“工人号”的科考活动在比斯开湾（golfe de Gascogne）[1]、马德拉群岛（archipel de Madère）[2]以及地中海区域开展。另外一艘舰艇“护身符号”，能够航行得更远，科学家们得以在马尾藻海（mer des Sargasses）[3]以及摩洛哥（Maroc）[4]、塞内加尔（Sénégal）[5]、佛得角（Cap-Vert）[6]和亚速尔群岛（Açores）[7]的沿岸工作。与“挑战者号”的科考工作一样，这些航海考察采集了许多水文、地质和生物样本；1884年，巴黎自然历史博物馆甚至组织了一次大型展览，向热情的公众揭开这些航行的面纱，这次展览展示了许多测量和收集设备：拖网、探头、温度计以及在5000米水深处收集到的海洋动物标本。

此外，美国科学家亚历山大·伊曼纽尔·阿加西斯（Alexander Emanuel Agassiz）带领的“布莱克

1. 比斯开湾：位于法国西海岸和西班牙北海岸之间。西班牙语：Golfo de Bizkaia。
2. 马德拉群岛：葡萄牙属群岛。位于大西洋东部，距离摩洛哥海岸约640千米。
3. 马尾藻海：位于北大西洋环流中心的美国东部海区，约有2000海里长、1000海里宽。
4. 摩洛哥：非洲国家，首都拉巴特。位于非洲西北端，东接阿尔及利亚，南部为撒哈拉沙漠，西濒浩瀚的大西洋，北隔直布罗陀海峡与西班牙相望，扼地中海入大西洋的门户。
5. 塞内加尔：非洲国家，首都达喀尔。位于非洲西部凸出部位的最西端，北接毛里塔尼亚，东邻马里，南接几内亚和几内亚比绍，西临佛得角群岛。海岸线长约700千米。
6. 佛得角：非洲国家，首都普拉亚。位于大西洋中部，北纬15°至17°，西经22°至25°之间，距非洲大陆455千米。
7. 亚速尔群岛：葡萄牙属群岛。位于北大西洋东中部，北纬36°55′至39°43′，西经25°01′至31°07′，群岛绵延640多千米，由9个火山岛组成。

“每个博物学家都有他专属的位置，但是他必须一边时刻关注着自己的科研领域是否被同行超越，一边去追逐因船舶摇晃不定而散落四处的解剖刀、铅笔和镊子，就顾不上从解剖碗里涌出洒在工作者的膝盖上的水或酒精了。”

——亨利·米尔恩-爱德华兹（Henri Milne-Edwards）

▲（左上）“工人号”（长47米）。

（左下）“护身符号”（长70米）、（右）“护身符号”甲板上的拖网捕捞收网上船作业，1883年。

►（12页上图）“工人号”在摩洛哥海岸附近的考察中，捕捞到一条从 2300米水深处上浮的宽咽鱼（学名：Eurypharynx pelecanoides），写真版画，1882年。

（12页下图）国家自然历史博物馆在巴黎向公众展示“工人号”和“护身符号”航行考察期间收集的标本。《自然》杂志插图，1883年 2月 23日。

号”（Blake）在美国的东海岸执行了几次任务，探索北大西洋的深海地区。之后他又乘坐“信天翁号”（Albatross）前往加勒比海和太平洋，“信天翁号”是第一艘专门为海洋学研究建造的船。其他海洋科学考察队来自德国“瞪羚号”（Gazelle）和“瓦尔迪维亚号”（Valdivia）、比利时“贝尔吉卡号”（Belgica）、奥地利“诺瓦拉号”（Novara）和“波拉号”（Pola）、挪威“弗雷姆号”（Fram）、丹麦“英戈尔夫号”（Ingolf）、荷兰“西博加号”（Siboga）等。

“‘工人号’和‘护身符号’的航海考察收集到的标本在自然历史博物馆的一个展厅里展出，所有对人类知识进步感兴趣的人都可以在这里集中看到栖息在海洋深处的动物。”

——亨利·米尔恩-爱德华兹
（Henri Milne-Edwards）

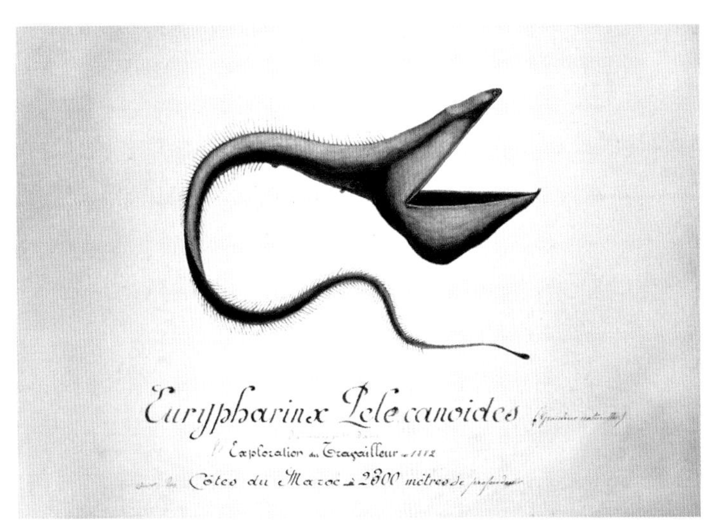

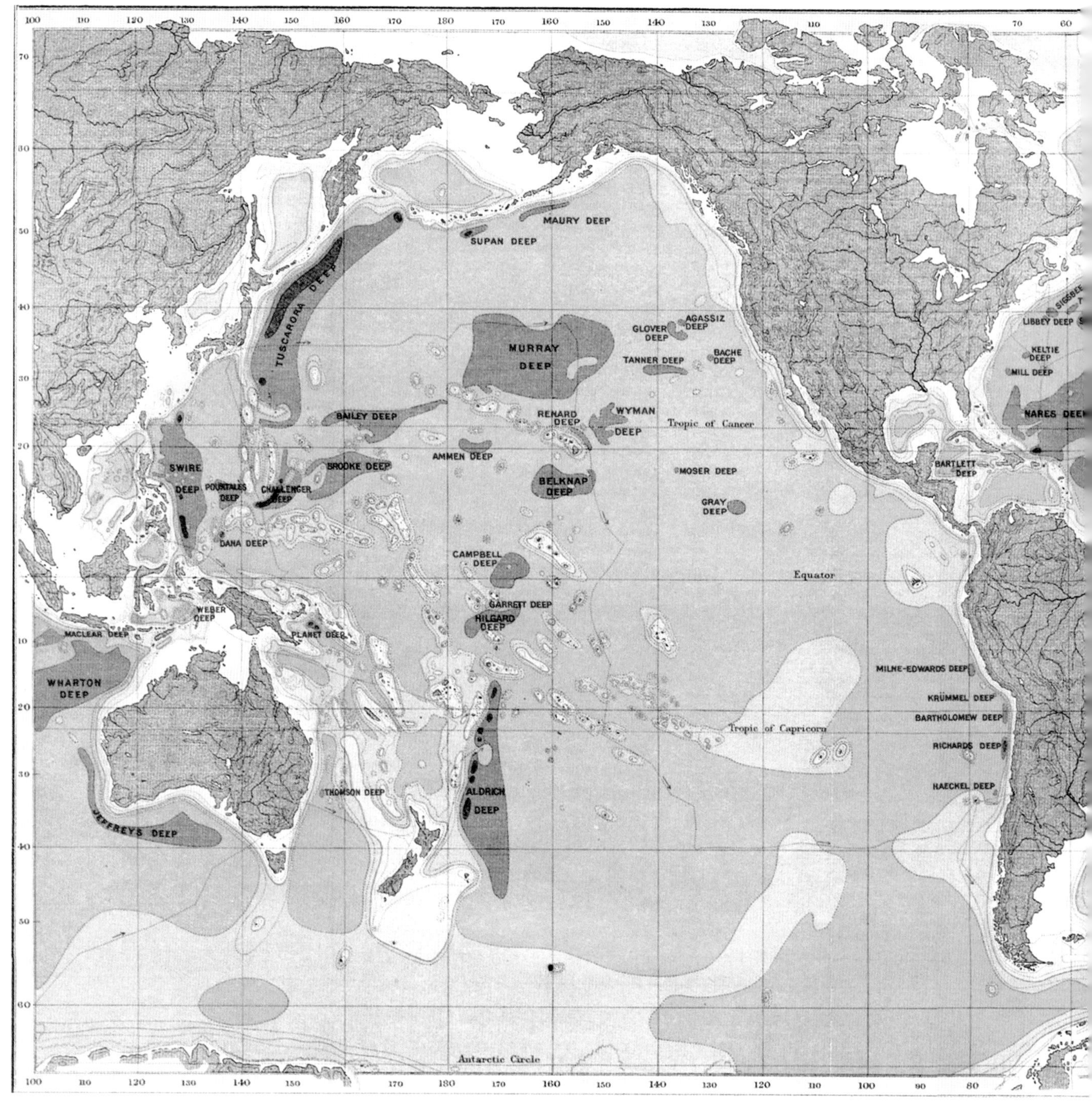

▲ 海底地形详图，《海洋的深度》（法语：*Les Abîmes de la mer*，英语：*The Depths of the Ocean*）插图，由"挑战者号"考察队前队员约翰·默里（John Murry）爵士和挪威渔业主任约翰·约尔特（Johan Hjort）博士绘制，1912年。

Sea level 海平面
Fathoms 英寻（测量水深的长度单位）
Met 米
Below 4000 （4000英寻以下）
Wharton deep 沃顿深渊
Jeffreys deep 杰弗里斯深渊
Maclear deep 麦克利尔深渊
Weber deep 韦伯深渊

Planet deep 星球深渊
Thomson deep 汤姆森深渊
Swire deep 太古深渊
Pourtal è s deep 普尔塔莱斯深渊
Dana deep 达纳深渊
Challenger deep 挑战者深渊
Brooke deep 布鲁克深渊
Bailey deep 贝利深渊

Tuscarora deep 塔斯卡洛拉深渊
Supan deep 祖潘深渊
Maury deep 莫里深渊
Murray deep 默里深渊
Ammen deep 阿门深渊
Renard deep 雷纳德深渊
Belknap deep 贝尔纳普深渊
Campbell deep 坎贝尔深渊

Carrett deep 卡雷特深渊
Hilgard deep 希尔加德深渊
Aldrich deep 奥尔德里奇深渊
Antractic circle 南极圈
Glover deep 格洛弗深渊
Agassiz deep 阿加西深渊
Bache deep 巴切深渊
Tanner deep 塔纳深渊
Wyman deep 怀曼深渊
Tropic of cancer 北回归线
Moser deep 莫泽深渊
Gray deep 格雷深渊
Equator 赤道
Tropic of Capricorn 南回归线
Milne-edwards deep 米尔恩-爱德华兹深渊
Kr ü mmel deep 克鲁梅尔深渊
Bartholomew deep 巴塞洛缪深渊
Richards deep 理查兹深渊
Heackel deep 希克尔深渊
Bartlett deep 巴特利特深渊
Arctic circle 北极圈
Sigsbee deep 锡格斯比深渊
Thoulet deep 索利特深渊
Libbey deep 利比深渊
Keltie deep 凯尔蒂深渊
Mill deep 米尔深渊
Nares deep 纳雷斯深渊
Hjort deep 霍特深渊
Makaroff deep 马卡罗夫深渊
Peake deep 皮克深渊
Monaco deep 摩纳哥深渊渊
Chun deep 丘恩深渊
Moseley deep 莫斯利深渊
Tizard deep 蒂泽德深渊
Havergal deep 哈弗格尔深渊
Krech deep 克雷奇深渊
Buchanan deep 布坎南深渊
Ross deep 罗斯深渊
Valdivia deep 瓦尔迪维亚深渊
Gardiner deep 加德纳深渊
Entreprise deep 恩特普赖斯深渊
Maclear deep 麦克利尔深渊

航海亲王

“深海须鳚鱼”（学名：Holcomycteronus profundissimus）占据了“海洋最深”这一标本头衔整整30年，这是一种小鱼，于1901年在佛得角群岛附近海域的水下6035米被阿尔贝一世首次捕捞。

作为海上勘探的关键人物，摩纳哥君主阿尔贝一世亲王是一个涉猎广泛的人。很早以前，他不仅对旅行和航海充满热情，而且对他那个时代所有的科学进步都充满热情。在巴黎逗留期间，阿尔贝一世亲王经常与自然历史博物馆最杰出的研究人员来往，如比较解剖学（anatomie comparée）教授乔治·普歇（Georges Pouchet）和动物学家阿尔方斯·米尔恩-爱德华兹，后者指挥了“工人号”和“护身符号”的航海探险。在这些导师的鼓励下，阿尔贝一世亲王决定自己组织航海行动，以便全身心研究广阔的海洋。从“燕子号”（Hirondelle）（1885—1888）、到“爱丽丝公主号”（1892—1897）、再到“爱丽丝公主二号”（Princesse Alice II）（1898—1910），以及最后的“燕子二号”（Hirondelle II）（1911—1915），在这4艘不同的航海船的甲板上，阿尔贝一世亲王在国际学者的陪同下，游历了大西洋、地中海、北海、波罗的海。这些受邀的学者得以在船上进行不同的调查研究。阿尔贝一世亲王亲历了28次航海考察，每次考察历时2到3个月。每一次考察都是一个可以通过实验和使用新技术设备提高科学工作效率的机会：三棱柱形状的诱饵捕箱、海水蒸馏器、冷冻机、可折叠的便携式实验台、动力卷扬机、用于采集微生物的细眼拖网。阿尔贝一世亲王的倒数第二艘船，73米长、配双桅混合推进动力的“爱丽丝公主二号”，甚至被认为是当时最瞩目的海洋考察船。

阿尔贝一世亲王的海洋考察船上的研究涵盖所有科学领域：生物学、地质学、水文学……水体的物理和化学性质得到了系统的研究。

阿尔贝一世亲王的科学考察队投入了大量资源来观测墨西哥湾流（Gulf stream）[1]：在纽芬兰（Terre-Neuve）放置了1700个测流标，以研究它们的漂流情况；最后，有16%的浮标在欧洲和非洲海岸、直布罗陀海峡、加那利群岛（les Canaries）[2]和佛得角群岛被发现，这提供了有关大西洋洋流环流的宝贵信息。

科考队在医学领域也进行了研究：在亚速尔群岛，两位生理学家夏尔·里歇（Charles Richet）和保罗·波尔捷（Paul Portier）研究了僧帽水母（physalie）的毒液，僧帽水母是可以导致严重烧伤的水母的近亲；后来通过这项毒液研究，他们发现了过敏反应（ana-

① 湾流：Gulf stream，是世界上第一大海洋暖流，亦称墨西哥湾（暖）流。墨西哥湾流虽然有一部分来自墨西哥湾，但它的绝大部分来自加勒比海。

② 加那利群岛：西班牙属群岛，位于非洲西北海域。

▶ 阿尔贝一世亲王的肖像，摄影师乔治·德塔耶（Georges Detaille）摄。

▲“爱丽丝公主二号”停在摩纳哥的港口。在这艘 73米长的船上，阿尔贝一世亲王在 1898年至 1910年间在地中海和北大西洋进行了 13次海洋考察，从佛得角群岛到斯匹次卑尔根岛（Spitzberg）[1]。在“爱丽丝公主二号”上，捕捞到一个未被发现的深海鱼类标本——“深海须鲷鱼”，在佛得角群岛附近以创纪录的 6035米深度捕捞上来。

▶阿尔贝一世亲王在甲板上。

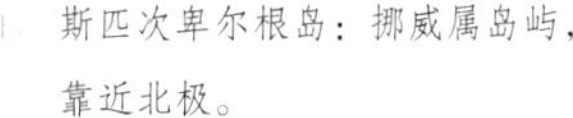

1 斯匹次卑尔根岛：挪威属岛屿，靠近北极。

> “就这样，我打开了海洋学的开端，一个深入了解海洋深渊的秘密的新科学。我把我生命中最美好的岁月以及最优秀的自己献给了这个学科。”
>
> ——摩纳哥阿尔贝一世亲王

phylaxie），这是一种严重的变态反应形式。正是因为对过敏反应的研究，夏尔·里歇获得了1913年的诺贝尔医学奖！气象学也是科考队的重要研究主题：为了进行气压测量，队伍从甲板上放飞了数十个风筝和观测气球到高空，以此来记录海面上数千米高处的气流波动情况。考察收集的动物学样本很多；在亚速尔群岛，考察队甚至发现了一个特殊的岩石和沙质海底，周长75千米，被称为“爱丽丝公主的长凳”（banc de la princesse Alice），其丰富性和多样性前所未见。

自然主义画家与科学家们一起登上了海洋考察船，如马里于斯·博雷尔（Marius Borrel）和路易·蒂奈尔（Louis Tinayre）。画家们创作水彩画等，记录了船上的科学实验和生活。最重要的是，他们在收网后立即对捕获的动物进行了相关的“颜色注释”，绘制了不同物种在死亡前的细微差别。但是很快，这些绘图工作就被阿尔贝一世亲王本人或亨利·布雷（Henri Bourée）少尉摄影的照片所替代。多达数千张的底片以及彩色照片从航海考察中被带回。在参加了几次电影的首映后，阿尔贝亲王一世还决定为自己配备几台摄像机。为了更细致的科学观察，他甚至从外科医生欧仁·杜瓦扬（Eugène Doyen）那里获得了一个从显微镜上拆出来的镜头。

在摩纳哥，为了展示在航海考察中收集到的藏品，阿尔贝一世亲王计划建造一个真正的“海洋神庙”。这个大型海洋博物馆在1899年4月25日举行了奠基仪式，阿尔贝一世亲王委托朱尔·里夏尔（Jules Richard）教授对博物馆进行管理，尽管里夏尔教授已经负责领导航海科学考察。海洋博物馆的建筑风格是法老王式的，建设工程持续了将近十一年。海洋博物馆竖立在悬崖边上，距离海平面85米。从其规模上看，海洋博物馆的长度为100米，中部为20米宽，这也是一项巨大的艺术成就，象征着“向所有国家的学者”提供“约柜”[1]。在海洋博物馆的立面上镌刻了23艘海洋学先驱船的名称。水族箱内建有水泥池，专门用于展示地中海的鱼类和无脊椎动物。最后，海洋博物馆内设有研究实验室和工作室。海洋博物馆于1910年3月29日正式落成。仅仅十个月后，阿尔贝一世还在巴黎成立了一个海洋研究所，用于“研究和教授海洋科学、地理学、地质学、水文学和海洋生物学”。这个海洋研究所面向全世界，构成一个“来自所有国家的学者都可以相互交流，齐心协力共同工作”的地方。

1 约柜：又称“法柜”，是古代以色列民族的圣物，“约”是指上帝跟以色列人所订立的契约，而约柜就是放置了上帝与以色列人所立的契约的柜子。这份契约，是指由先知摩西在西奈山上从耶和华得来的两块十诫法典。

阿尔贝一世亲王成为最热衷于海洋学的使者之一，他乐此不疲地与各大国的国家元首和国际媒体一起捍卫这一事业。从1889年起，阿尔贝一世亲王着手出版110卷《科学考察结果》卷宗，这些出版物详细地介绍了他在航海考察期间进行的研究结果，并且配备丰富的精美肖像画，还提供最负盛名的专家的评论和分析。

▲ 1909年，“爱丽丝公主二号”甲板上的三棱柱形状的诱饵捕箱收网。根据阿尔贝一世亲王的猜想，这种诱饵捕箱可以在几千米的深海里使用。悬挂在里面的盘子能反射深海生物发出的微弱光芒，从而将它们吸引到里面。

“阿尔贝一世亲王是一个冒险家、一个人类的领导者、一个富有远见的人。他深信科学是文明发展的巨大推动力之一，并希望能使同时代的人注意到当时作为新兴科学的海洋学。”

——摩纳哥阿尔贝二世亲王

► 画家路易·蒂奈尔（Louis Tinayre）在“爱丽丝公主二号”的甲板上绘制一幅鳐鱼的水彩画，1913年。这些“颜色注释”要在捕完鱼后尽快制作，赶在动物死亡之前或者防腐剂改变它们的颜色之前获得动物原本的颜色信息。

◀《实验室》（*Le Laboratoire*），路易·蒂奈尔画，1908年。这幅画描绘了“爱丽丝公主二号”上的科学活动。

▲ “爱丽丝公主二号”在北冰洋，斯匹次卑尔根岛，红湾（Red bay），1899年。

◀ “爱丽丝公主二号”上回收风筝。在甲板上，风筝帮助气象学家把测量温度和湿度的仪器送入大气层，随后这些风筝会被气象气球取代。

▲ 阿尔贝一世亲王（第一排中间）在“爱丽丝公主二号”的甲板上被科学家和船员们围绕着，1906年。

◀ 摩纳哥海洋博物馆的第一张海报，维斯孔蒂（Visconti）画，大约1910年。

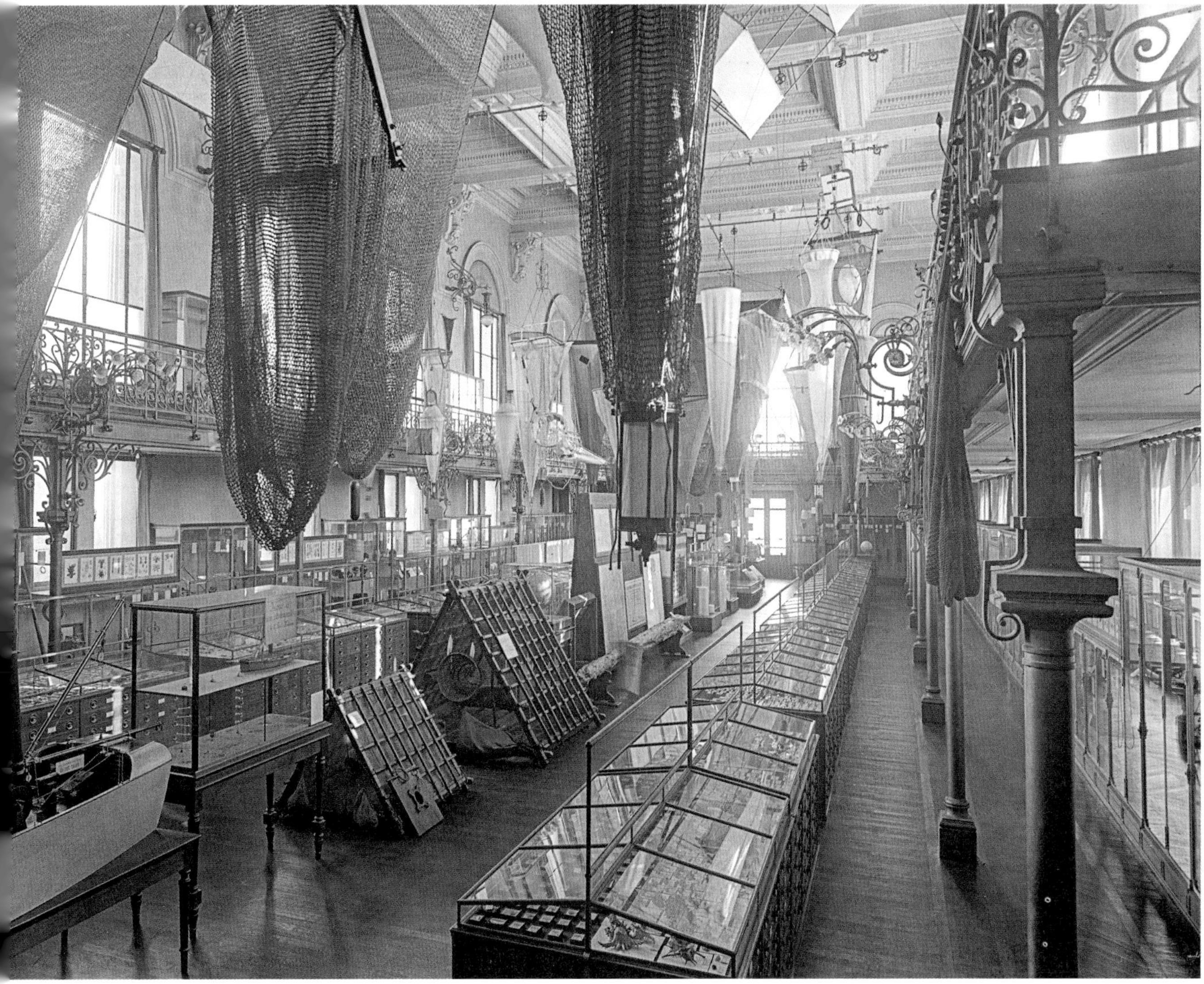

▲ 摩纳哥海洋博物馆的物理海洋学展厅。展出了不同的设备，例如，渔网、用于深海的三棱柱形状的诱饵捕箱以及风筝。在图片前面的左侧，一个模型详细介绍了卷扬机的操作原理。

► 朱尔·里夏尔（Jules Richard，1863—1945）教授在摩纳哥的办公室。里夏尔教授于1885年被阿尔贝一世亲王招募，是亲王的海洋学工作的主要合作者。他参加了所有的航海考察，并为改进设备做出了巨大贡献。海洋博物馆开放后，他开始掌管博物馆的运作，同时负责《科学考察结果》（*R.C.S. - Résultats des campagnes scientifiques*）的出版。

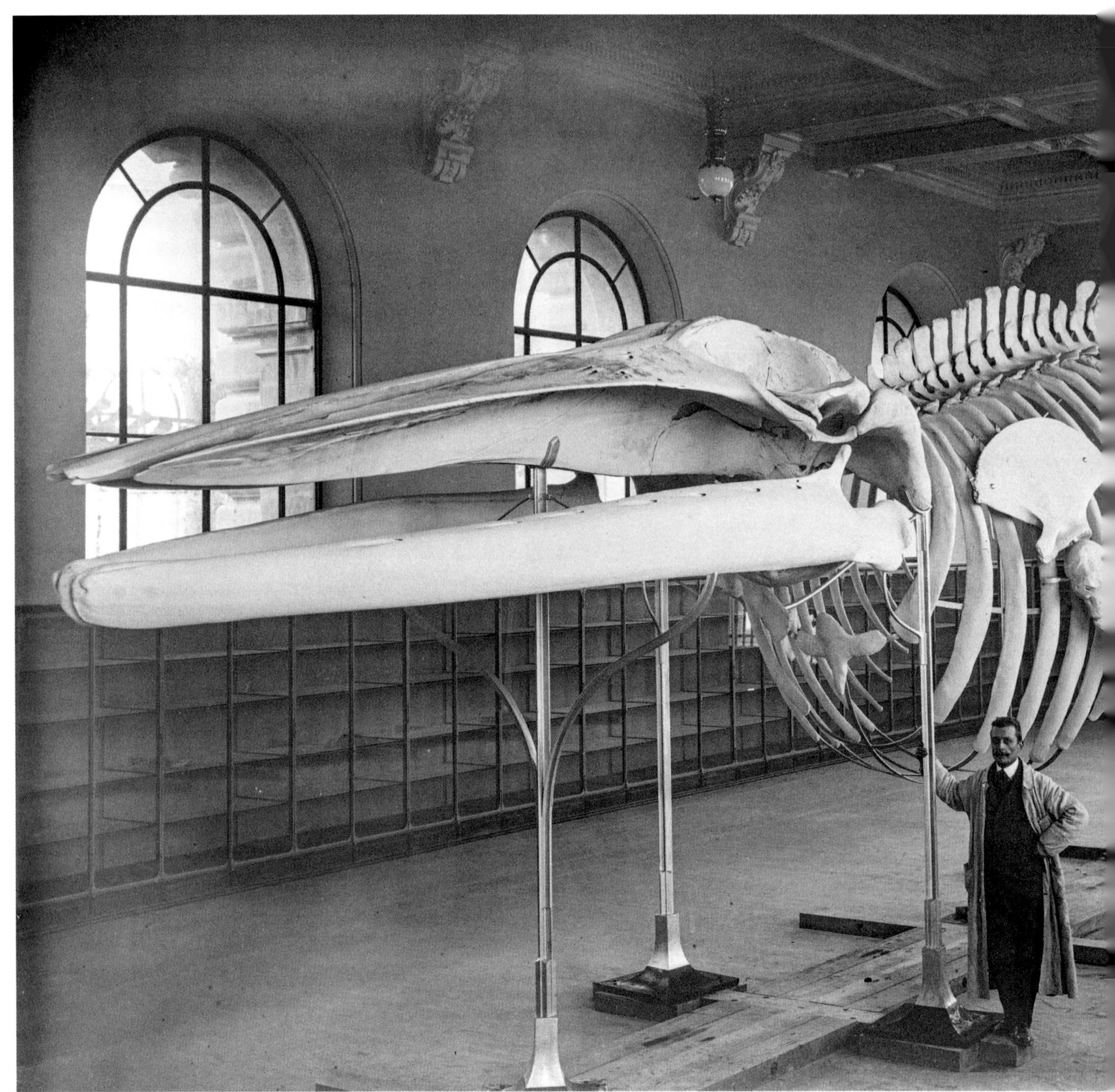

▼（28～29页）图节选自《科学考察结果》，LII分册：从“爱丽丝公主号”（1891—1913）和“燕子二号”（1914）航海考察收集到的鱼类。（1）某线尾鳕属鳕鱼（学名：Nematonurus gigas）；（2）多毛粗尾鳕（学名：Trachonurus asperrimus）；（3）某腔吻鳕属鳕鱼（学名：Coelorhynchus vaillanti）。

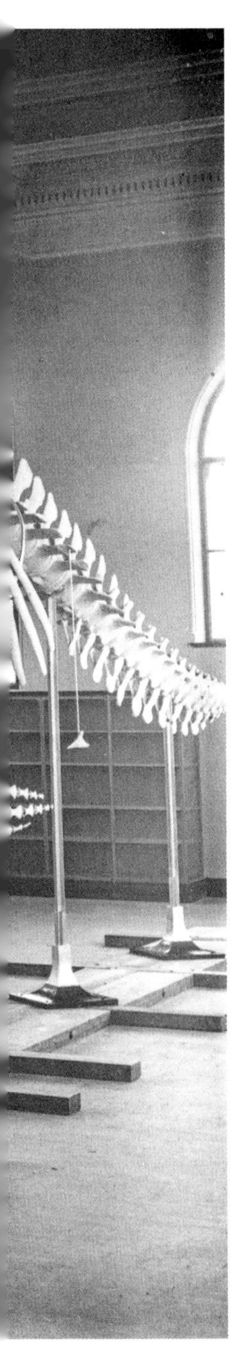

◄ 摩纳哥海洋博物馆内展出的鲸鱼骨骼。

► 从 1903年起，摩纳哥阿尔贝一世亲王定期在巴黎组织关于海洋学各个方面的会议，路易・蒂奈尔的这幅画描绘了在索邦大学阶梯教室里面的亲王。

Melles Vesque del et pinx part sec pict M. Borrel.

1. NEMATONURUS GIGA
3. CŒLO

F Champenois, Paris

ONURUS ASPERRIMUS
ILLANTI

ALBERT Ier PRINCE DE MONACO, CAMP. SCIENT　　　　ÉCHINODERMES PL. IX

R. Koehler del. Lovatelli pinx　　　　Werner & Winter, Francfort a/M

GORGONOCEPHALUS AGASSIZI

◄ 从《科学考察结果》节选的图，XXXIV分册：从“爱丽丝公主号”航海考察收集到的棘皮动物（海星（Astérie）、真蛇尾（Ophiures）、海胆（Échinides）和海百合（Crinoïdes））。筐蛇尾科蛇尾（学名：Gorgonocephalus agassizi）。

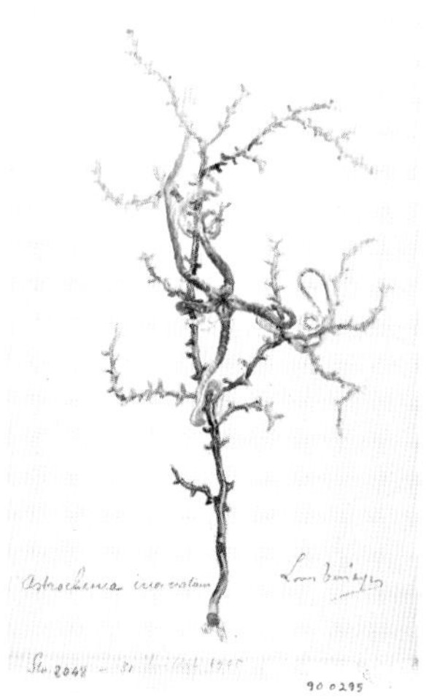
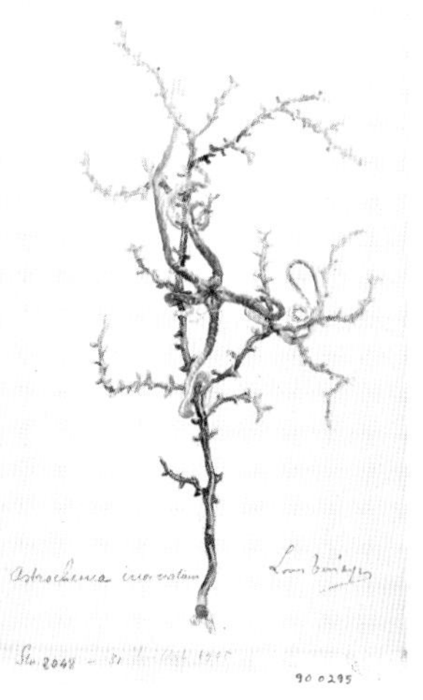

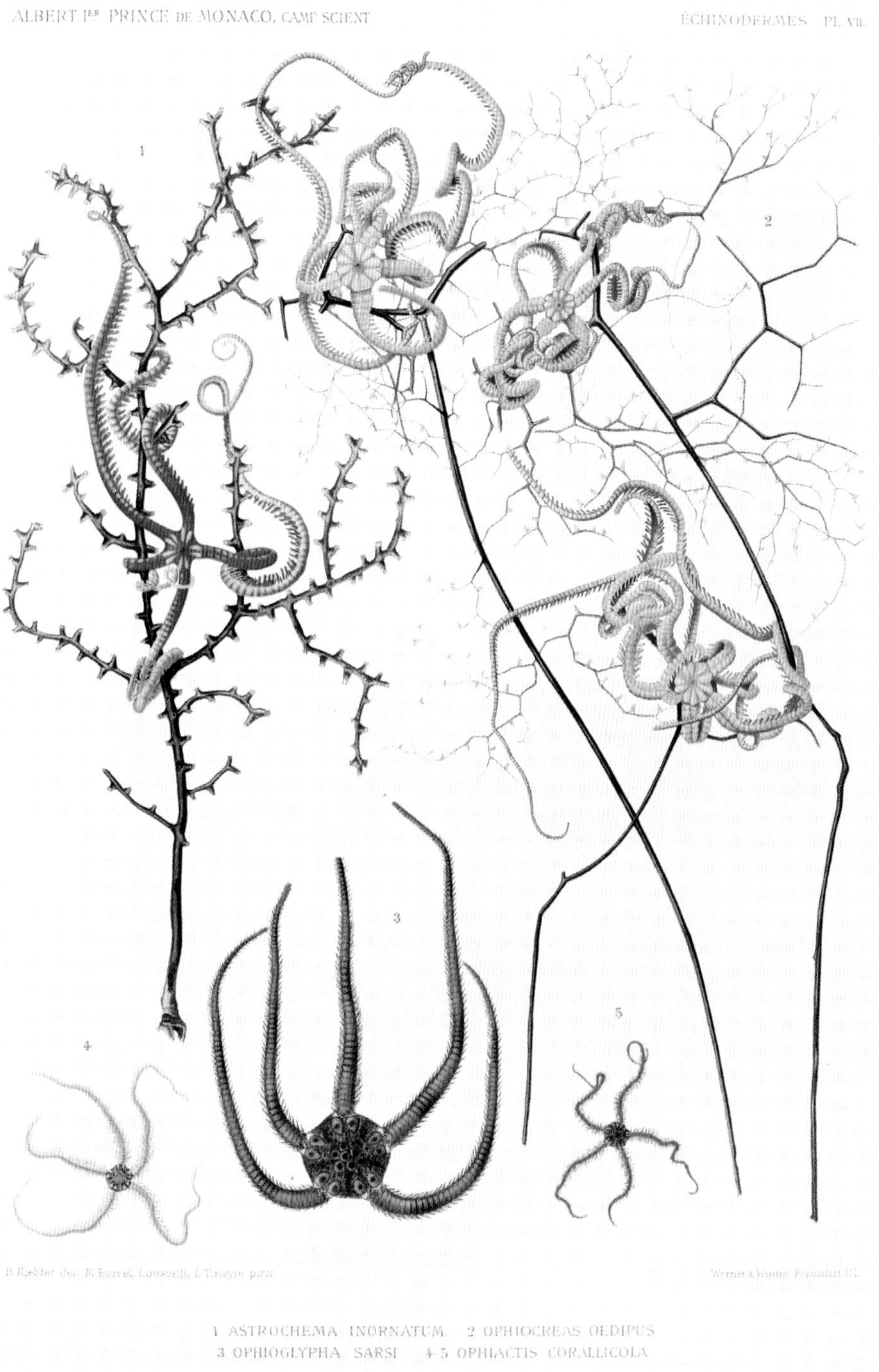

▲星空蛇尾（学名：Astrochema inornatum）的“颜色注释”是在“爱丽丝公主二号”上收集后制作的，作为底部的节选图的参考。

ALBERT Ier PRINCE DE MONACO, CAMP. SCIENT.　　ÉCHINODERMES PL. VII.

1 ASTROCHEMA INORNATUM　2 OPHIOCREAS OEDIPUS
3 OPHIOGLYPHA SARSI　4-5 OPHIACTIS CORALLICOLA

►从《科学考察结果》节选的图，XXXIV分册：从“爱丽丝公主号”航海考察收集到的棘皮动物（海星、真蛇尾、海胆）：（1）星空蛇尾；（2）俄狄浦斯蛇尾（学名：Ophiocrea oedipus）；（3）萨尔西真蛇尾科蛇尾（学名：Ophioglypha sarsi）；（4和5）珊瑚蛇尾（学名：Ophiactis corallicola）。

leighana），摄于墨西哥湾。它通常生活在 200至 2600米深之间，体长范围为 1~1.50米。

神秘生物

迄今为止，已经确认的海洋动物物种共计 230000种，涵盖物种小到微生物、大到大型鲸类动物。19世纪末到 20世纪初的航海大考察揭示了有许多物种生活在海洋深处，无论是深海水域（生活在深海开阔的水域）还是海底（生活在海底或近海底）都有生物生存。这种经常令人惊讶的动物群已经能够适应极端环境。

水深越深，同一个物体承受到的水压就会越大。如在地球最深处的马里亚纳海沟（fosse des Mariannes）中，水压相当于1平方厘米承受1吨的重量！为了更好地适应高水压环境，许多动物体型很小，没有鱼鳔，这通常可以确保它们在水中浮游。虽然阳光只能照射到水深200米处，但这些深海动物也必须在完全黑暗的环境中进化；像陆地的萤火虫一样，许多深海生物会自己发光，这要归功于一种“生物发光”的现象。有些深海生物在它们的侧面有发光的器官，称为“发光器官”（photophore)，其他的则有发光触角、发光的附属器官。这些发光器官可以满足不同的需求：可以用于转移猎物的注意力，也可以用于吓跑潜在的捕食者，还可以向同一物种的其他个体发送识别信号，特别是在繁殖时可以派上用场。

有的物种具备引人注目的技能。如飞脂鲤（学名：Carnegiella strigata），身体扁平，呈银色并反射光线，可以改变其发光的亮度以融入背景。而有的物种会朝敌人的方向分泌并发射可以致盲的发光粒子……

> “在深海中，一切是黑暗的，一切是寒冷的；它深不可测，它充满‘热望’。”
>
> ——泰奥多尔·莫诺（Théodore Monod）

大部分深海动物生活在水深2000至3000米之间的区域。为了寻找食物，许多鱼类和无脊椎动物会垂直迁徙；它们以狩猎其他物种、浮游生物产生的或者从地表落入海中的有机颗粒为食。在海床上，动物生命的密度要低得多。

一些被称为“投机分子”的物种则通过潜伏在一角，静候猎物游过，然后出其不意，一举捕获的方法生存下来；还有一些通过分食大型鱼类的尸体或鲸鱼的尸体获得营养，这类享受“盛宴”的时刻也是繁殖的好机会，因为此时大量雄性和雌性的动物终于汇集在一起了!

银鲛鱼、飞脂鲤、鮟鱇鱼、宽咽鱼、欧氏尖吻鲛、鼠尾鳕科鳕鱼等深海鱼类，这些常常被捕捞到船只甲板上就已经死去的迷人生物，直到 20世纪下半叶，得益于潜艇和遥控机器人的出现，人类才终于可以在其自然栖息地中观察到这些生物活体。

“这里和那里生活着奇怪的野兽，淡紫色的、红色的或黑色的，在我们看来，这些动物配备了怪兽般的器官，这些器官可以用于行走或游泳、爬行或固定、观察探测或战斗：总之，就是为了让它们可以在外星球般的自然条件下生存下来。”

——摩纳哥阿尔贝一世亲王

▲ 深海蜥鱼（学名：Bathysaurus ferox），摄于美国东海岸。是深海中最大的捕食者之一，通常生活在水深600~3500米之间，体长可达70厘米。

◀ 薛氏宽鳃鮟鱇鱼（学名：Sladenia shaefersi），摄于墨西哥湾。生活在水深 900~1200米之间，体长可达40厘米。有鳍，可以像脚一样使用来移动或停留在海底。

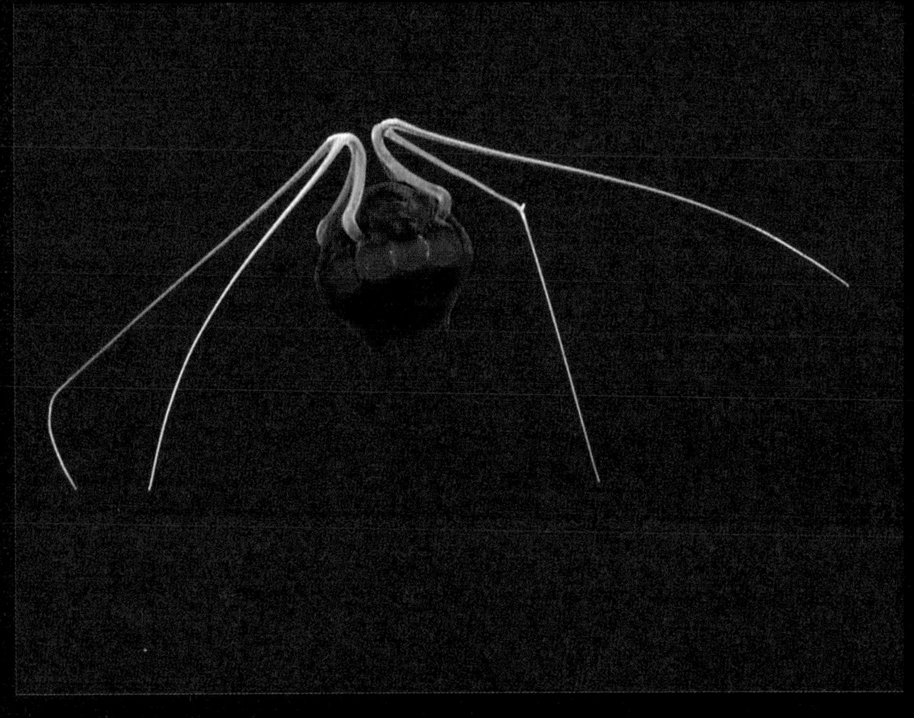

▲（左上）奇须蛸（学名：Cirrothauma murrayi），摄于波多黎各海域。生活在水深1500~4500米之间，体长可达20厘米。这种头足类动物几乎是瞎子，有两个耳形鳍，它的八条爪子通过膜相互连接。

（右上）在墨西哥湾的短吻青眼鱼（学名：Chlorophthalmus agassizi）的生物发光现象。这种鱼生活水深在50~100米之间，体长可达 40厘米。

► 水母，摄于夏威夷海域2400米水深处。与大多数其他水母不同，这种水母的触角向上移动以拦截猎物。

▲美国弗吉尼亚州亚历山大港口的美国海军潜水员，1953年。

第二章 海底的工作

在很长一段时间内，人类在海平面下只有两种活动：普通作业或军事行动。但海洋对人类而言仿佛是另外一个星球，到海洋中探险始终是一个挑战：如何在水下呼吸？如何抵御随着水深增加而增加的水压？

潜水者屏气潜水以获得海中的各种资源，自古以来就有关于他们潜水的记录。在地中海地区，海绵（éponge）[1]的贸易蓬勃发展；红珊瑚（corail rouge）[2]也备受欢迎；而由于“骨螺紫”这一颜料专用于浸染罗马皇帝的衣物，腹足纲的软体动物骨螺（murex）[3]成为众多浮潜者（urinatores）的主要目标。在波斯湾（golfe Persique），珍珠市场发展迅速。随着海上贸易的发展，船舶失事的情况也越来越多，而打捞沉船的货物需要许多潜水员参与。众多的海上事故也是这类高风险的水下运动发展的原因。除高风险外，潜水活动会导致潜水员早衰、肺部感染或听觉衰退。许多人相信刺穿耳朵鼓膜可以减轻所受的痛苦，结果却徒增折磨。

最初的潜水方式十分简陋，几个世纪内都不曾改变，直到文艺复兴时期才有了真正意义的变革。一开始，只有少数潜水装备逐渐面世，例如，用作“应急用品”的空气气囊，又如用于改善水下视力的玳瑁护目镜。

[1] 海绵：最原始的多细胞动物，6亿年前就已经生活在海洋里，已发展到1万多种，占海洋动物种类的1/15，是一个庞大的“家族”。

[2] 红珊瑚：属有机宝石，色泽喜人，质地莹润，生长于远离人类的100至2000米的深海中。

[3] 骨螺：属软体动物中的腹足类，贝壳呈卵圆形或长卵圆形，壳坚硬，从潮间带至3000米水深的海底均有分布。

▲"潜水员带出了一种海藻"。插图来自《旅行日报（陆地和海洋探险）》（*Journal des voyage [et des aventures de terre et de mer]*），1894年1月14日出版。从古时候开始一直到20世纪初，人们都会使用可以载人的吊架去往海底，以收集珍珠牡蛎。

"对人类而言没有比割海绵更糟糕的考验，没有比这份工作更苦的差事了！"

——欧平（Oppien）

▶ 古代士兵为了能悄无声息地接近敌人，会利用一个充满空气的附加装置在水下呼吸。插图来自弗拉维乌斯·韦格蒂乌斯·雷纳图斯（Publius Flavius Vegetius Renatus）的《兵法简述》（*De re militari*），巴黎，出版商：雷蒂安·威歇尔（Chr é tien Welchel），1532年。

潜水钟[1]

自16世纪以来，一项满足日益增长的水下作业需求的新发明开始流行，即“潜水钟”，它也被称为“潜水者的时钟”。古代先哲亚里士多德曾设想过一种“倒置的大锅”，这口锅下方开口，大锅在水中垂直下落的过程中，水只会浸入锅内一部分，会在顶部留下一定量的空气，从而延长潜水员在水下作业的时间。潜水钟的原理与之相似，但体积比锅更大。大型木制潜水钟能够容纳一个人站立，利用铅制的压载物[2]保持潜水钟垂直的状态，水只浸入潜水钟内的部分空间，人可以在潜水钟内部的高处维持呼吸。就这样，潜水钟提供了一个庇护所，人们可以在憋气进行水下就近作业时，时不时透口气。在需要的时候，潜水员可以拉动与陆地上相连的绳索，示意需要从水下被拉上来。这些潜水钟可用于水下25米的工程作业，可用于港湾锚地建设或是船难货物打捞。

17世纪末，英国物理学家埃德蒙多·哈雷（Edmond Halley）[3]对潜水钟进行改良，实现了重大突破。在此之前，潜水员的活动范围受限于潜水钟内所含的空气量。哈雷设想通过定时地把储存额外空气的木桶送到作业地点以达到更新空气的目的。一名潜水员抓住补充空气的木桶的空气导管并伸入潜水钟内，另一名潜水员则在作业现场确保操作的顺利进行。哈雷亲自参加了初期的试验：1721年，在三个人的陪同下，他潜至15米深的海水处，停留了长达1小时15分钟！

哈雷还设想利用“头盔”来完善潜水员的装备：依据相同的原理，设计出下部开口的覆盖头部直至肩部的小玻璃钟，用一条涂了油脂的皮革管将其与潜水钟内部相连。然而，迄今为止，这个头盔的实用性尚未得到证明。

1 潜水钟：是一种无动力潜水装置，早期的潜水器是木质、顶部封闭、底部开口的容器，外形与钟相似，故得此名。

2 压载物：是指用于增加稳定性的重物。

3 埃德蒙多·哈雷（Edmond Halley）：著名的哈雷彗星的发现者。

“在我看来，有必要想出一种办法来解决将空气输送至水下的潜水钟时遇到的难题……我相信这项创新可以适用于很多场景，例如，在深不可测的水底采集珍珠、珊瑚或海绵。同样，也适用于在多岩石的海底建造堤坝和桥梁地基，或在风平浪静时清理海难沉船。”

——埃德蒙多·哈雷

EDMUNDUS HALLEIUS R.S.S.
Astronomus Regius et Geometriæ Professor Savilianus.

▲ 科学家埃德蒙多·哈雷（1656—1742）。据理查德·菲利普斯（Richard Phillips）所言，该画作是英国雕刻家乔治·弗图（George Vertue）的雕刻作品。

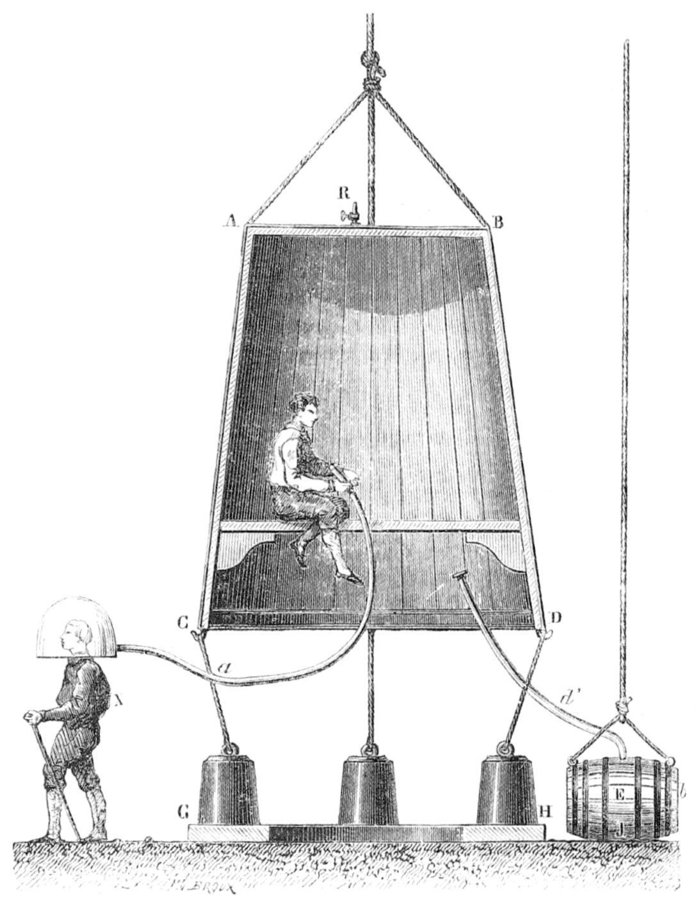

◀ 哈雷的潜水钟，形状是一个圆台，顶端直径 1米，底端直径 1.70米。配备铅块压载物，通过从陆地上送来的装有空气的木桶确保潜水钟内空气充足，单个木桶的容量约为140升。插图来自《科学奇迹》（*Les Merveilles de la science*），第4卷，作者：路易·菲吉耶（Louis Figuier），巴黎，出版商：傅尔涅书店（Librairie Furne），编辑：茹韦及其他（Jouvet et Cie），1870年。

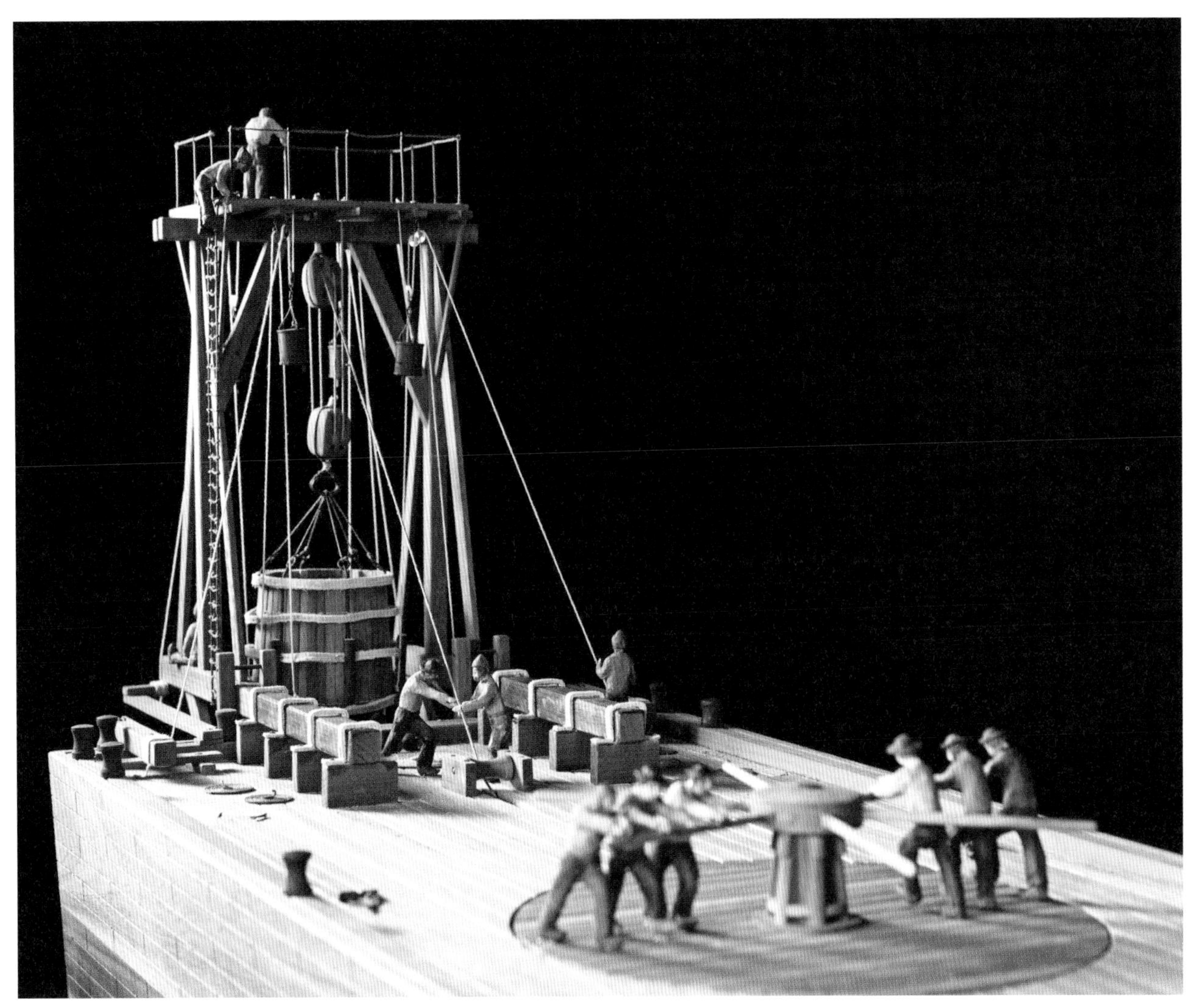

▲ 建造瑟堡港（Port de Cherbourg）时期使用的潜水钟的模型，来自法国阿韦龙省（Averyron）埃斯帕利翁（Espalion）的潜水博物馆（Musée du Scaphandre），1817年。

▶ "'鹦鹉螺（Nautilus）号'，改良后的潜水钟"。

《人类与地球的伟大探索》（*Les Races humaines et les grandes explorations du globe*）一书中的插图，书籍作者阿道夫·比塔尔（Adolphe Bitard），1880年出版。这款潜水钟有一个金属架构，是由法国人普罗斯帕－安托万·佩耶纳（Prosper-Antoine Payerne）在19世纪设计的。与之前的潜水钟相比，它有了显著的改进：陆地上安装了一个空气压缩机，通过管道与舱内联通，以此确保舱内的空气补给，同时也可以降低舱内的水位；此外，舱内人员释放的二氧化碳会被化学物质吸收，舱内配备通风系统以促进空气流通。第一次实验于1844年4月20日在塞纳河进行。在公共工程部委派的桥梁公路工程局的一名工程师的陪伴下，佩耶纳博士在水下停留了3小时，打破了纪录。

第一套潜水服

潜水钟像一个升降机一样将潜水员运送到海底指定的地点，同时也形成一个“气泡”，使作业人员可以维持呼吸。但潜水钟的主要局限性在于设备极其沉重，将两名潜水员送到10米或20米深的地方需要数十人的团队在陆上进行操作，且费用极高。从19世纪开始，潜水钟逐渐被更灵活且造价更低的潜水服所替代。为潜水员发明一件既能提供保护又能满足空气供应的衣服，这个想法由来已久。在文艺复兴时期，达·芬奇在他的《大西洋古抄本》（*Codex Atlanticus*）中就提出过关于皮质潜水面罩的设想。这种面罩利用动物油脂或树脂进行防水设计，附带一根呼吸管道露出海平面，但是达·芬奇没有对这个设想进行测试。直到18世纪，这种新型设想的原型才面世。1715年，英国发明家约翰·莱斯布里奇（John Lethbridge）率先发明了一种真正有效的个人潜水系统。它是一个长2米、直径60厘米的水平圆柱体木桶，有防水层，并用铅块作为压载物加重，配有观察舷窗，莱斯布里奇可以躺在里面。为了方便操作，潜水员的两条手臂通过管套从木桶中伸出；因此，潜水员的手臂会感到因水压造成的疼痛，而疼痛的程度和潜水的深度直接相关。尽管有这个缺点，莱斯布里奇的木桶还是为他创造了一笔巨大的财富，他长年利用这个木桶进行沉船探索。这个木桶装置能够支持潜水员在18米水深处平均每天作业6小时，只需每30分钟浮出水面以更换舱内空气。

1772年，法国人弗雷米内（Fréminet）发明了另一种装置，他将其命名为“水下再呼吸”（hydrostatergatique）的装置，穿上这套装置，潜水员可以在水底自由行走。它由柔软的防水皮制衣和带舷窗的圆形铜头盔组成。潜水员不必露出水面来呼吸，因为他的头盔通过两条管道连接到一个可随身携带的空气罐。潜水员能通过第一根管吸入压缩的空气，通过第二根管呼气。在塞纳河圣路易岛（Saint-Louis）前进行的测试中，弗雷米内在5米水深的地方停留了32分钟。1774年，弗雷米内潜入勒阿弗尔港（Le Havre）的海水中，在17米深的海面下逗留了近一个小时。两年后，他通过把储气罐用安全带固定在背后的方法进一步完善了他的发明。

“潜水服”（scaphandre）一词第一次出现是在1775年。在词源上，它源自希腊单词 scaph（船）

▼ 达·芬奇设想的潜水装置的复刻模型。面罩上有一根呼吸管连接到水面，并附带有刺，用来保护潜水者免遭海洋生物的攻击。
来自法国阿韦龙省埃斯帕利翁的潜水博物馆。

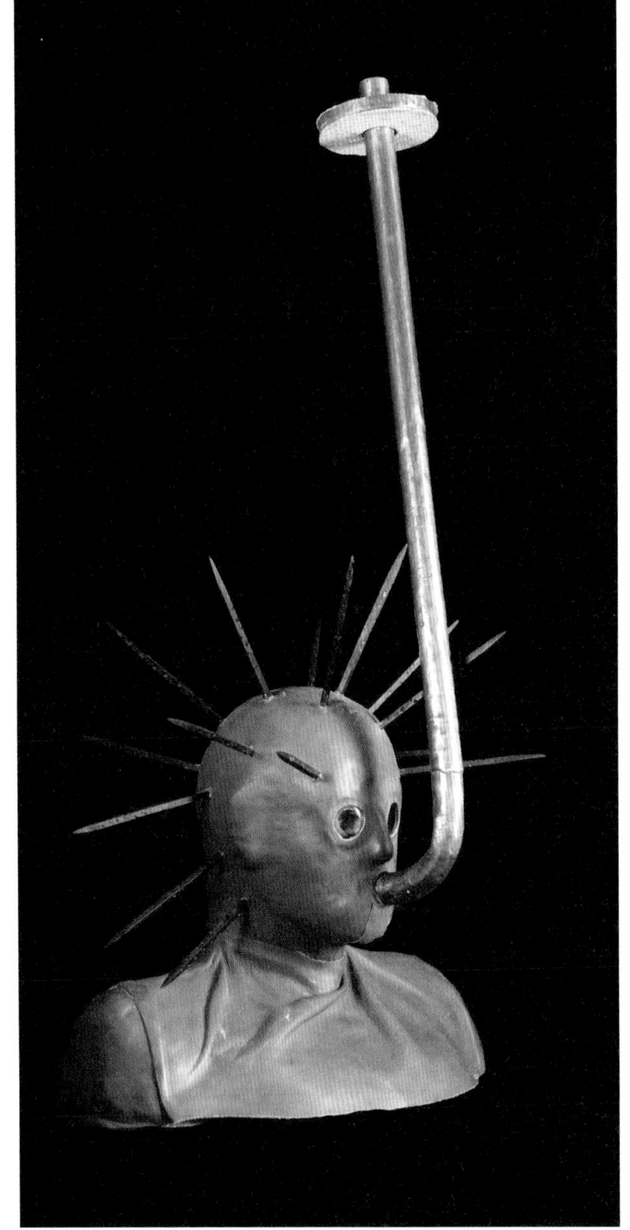

和 andros（人）。让-巴蒂斯特·德·拉沙佩勒（Jean-Baptiste de La Chapelle）神父用这个词来命名他刚刚完善的发明——一件有木栓[1]夹层的帆布背心，用于在士兵们涉水而行时提供浮力。因此，它更像是“救生衣”的前身，而不是我们今天所知道的潜水服。

后来，在1797年，德国工程师海因里希·克林格特（Heinrich Klingert）发明了一个全新的潜水服模型。这个模型外观奇特，潜水员的上半身被包裹在一个坚硬的金属外壳中，手臂裸露在外，而下半身穿着齐膝的紧身皮质短裤。这个模型的创新之处在于头盔有两根软管连接到水面由四个人操作的手动供气泵，以保证空气的供应。随后，克林格特甚至为这个设备增加了一个新配件，让潜水员能够更自主地潜浮——他新增了一个中转室，类似水下空气储存罐，潜水员可以在需要时使用。整个装置可以随意调整，通过改变自身的浮力来实现上升或下降。

[1] 木栓：一种又轻又防水的树皮表层，长在乔木和灌木的树干和树根上。

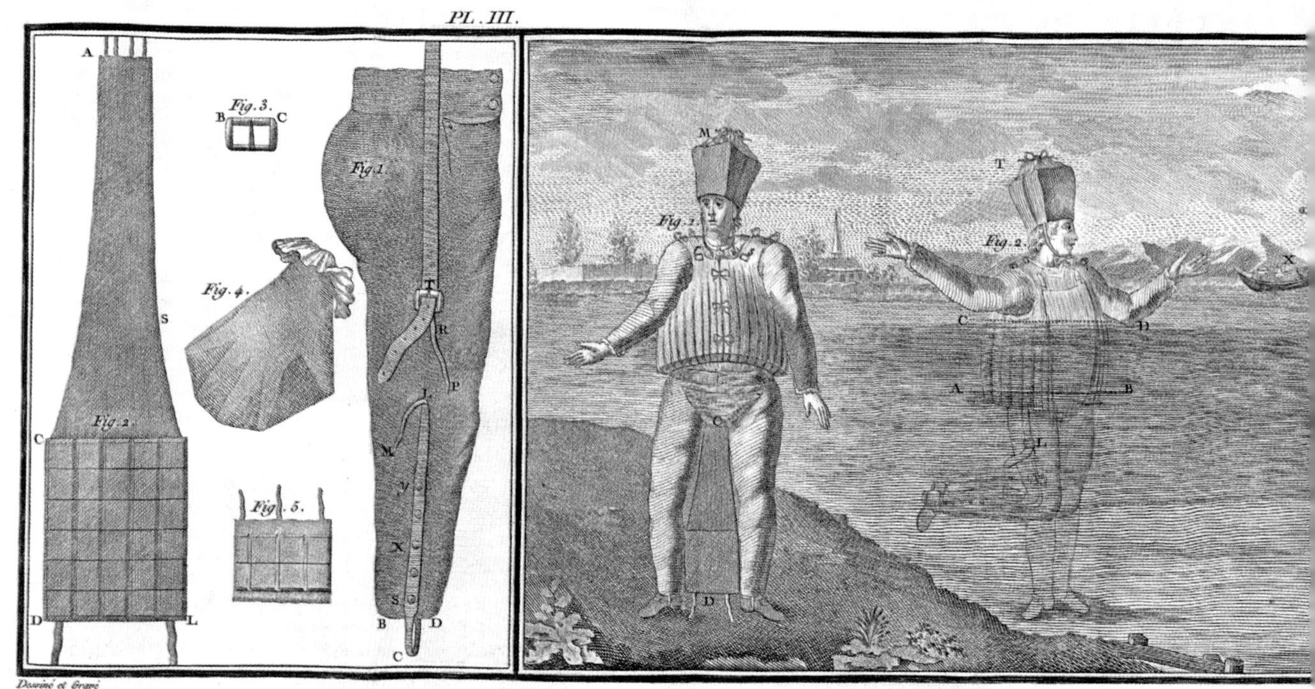

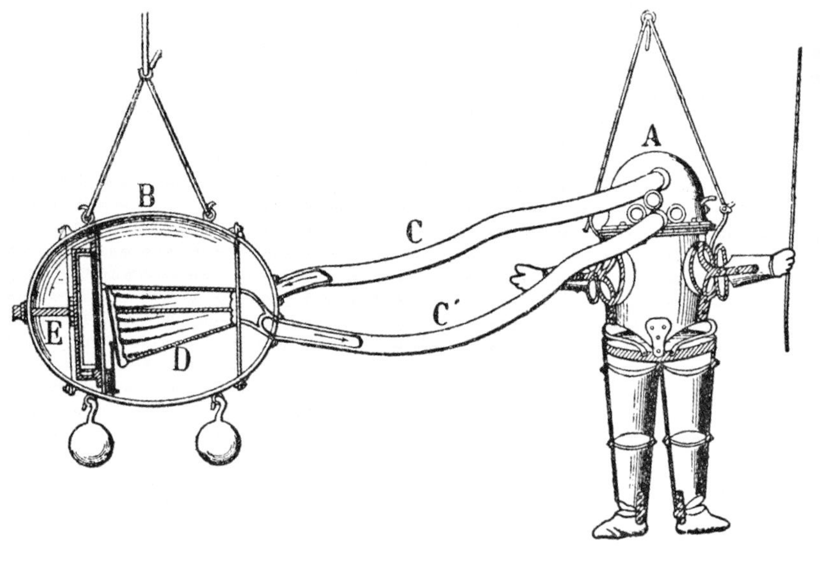

◀ 法国人弗雷米内的“水下再呼吸”装置。

A：潜水服的头盔。

B：储气罐。

C：呼气管。

C'：吸气管，连接头盔和储气罐。

D：风箱。

E：动力装置。

插图来自《水下航行》（*La Navigation sous-marine*），作者：G.L. 佩谢（G.L. Pesce），巴黎，出版商：维贝尔（Vuibert）和诺尼（Nony），1906年。

◀ 让 -巴蒂斯特・德・拉沙佩勒神父的“潜水服”。实际上是一件辅助穿着者漂浮、不下沉的背心。插图来自《人类潜水服或船只的建设和应用专论》（*Traité de la construction théorique et pratique du scaphandre ou du bateau de l'homme*），作者：让 -巴蒂斯特・德・拉沙佩勒，巴黎，出版商：德比尔・佩尔（Debure père）及作者，1775年。

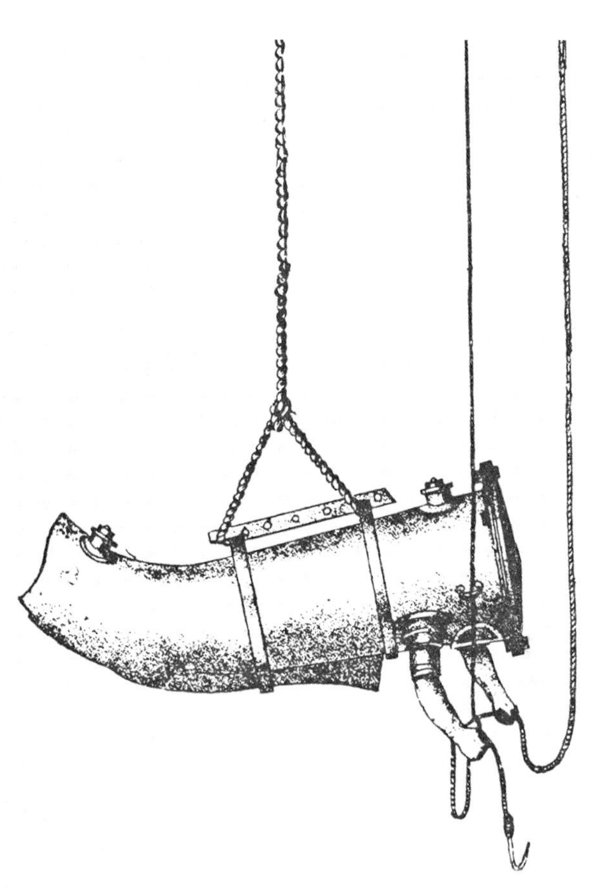

▲ 英国发明家约翰・莱斯布里奇设计的木桶。密封装置中储存的空气气压与地面的气压相同。但是这个装置会导致手臂剧痛，因为手臂从管套中伸出，暴露在水底更高的水压中。19世纪的插图。

◀ 克林格特的潜水服。来自《科学奇迹》（*Les Merveilles de la science*），第 4卷，作者：路易・菲吉耶（Louis Figuier），巴黎，出版商：傅尔涅书店（Librairie Furne），编辑：茹韦及其他（Jouvet et Cie），1870年。

▶ 一名潜水员在船的甲板上拿起一块海绵。
美国佛罗里达州塔彭斯普林斯（Tarpon Springs），1944年。

沉重的脚步

19世纪，一种新型的潜水服“重脚潜水服”出现了。通过工业化生产，它成为所有水下工作不可或缺的工具，且在世界各地广泛使用。移居英国的德国工程师奥古斯都·西贝（Augustus Siebe）是这套潜水服的发明者之一。与克林格特的潜水服一样，这套潜水服也是通过地面上的手动供气泵来保证空气的供给。但是这套潜水服质地柔软且防水，空气可以在潜水服内流通，它能全面包裹住潜水员，起到御寒的作用。此外，它还有一个带有观察窗和排气阀的铜制头盔，因此，穿戴者可以自行通过气阀进行换气和改变浮力。最后，潜水服在胸部和腰部穿戴压载物加重，配上沉重的铅制潜水鞋，让潜水员可以站立在水底。“重脚潜水服”的名号显然也归功于这双鞋。西贝在 1829年申请了第一项专利，并迅速成为法国和英国海军的官方供应商。西贝的“重脚潜水服”由“西贝·戈尔曼”（Siebe Gorman）公司进行销售，这件装备使得在60米水深处连续作业数小时成为可能。随着时间流逝，许多竞争对手也相继研发出自己的“重脚潜水服”，并申请了专利，例如，法国人卡比罗尔（Cabirol），原来是橡胶帆布制造商，也在 1855年的巴黎世界博览会上展示了他的“重脚潜水服”模型。

不管是海岸边，还是港口、河道，“重脚潜水服”的作业场景与日俱增：海难救助、堤坝建造、桥梁加固以及海底电缆和管道维护。同时，“重脚潜水服”装备的出现也促进了海洋资源的采集活动。

然而，由于人们对水压仍然知之甚少，潜水事故经常发生，尤其容易在潜水员从深海上浮至海面的时候出现。法国生理学家保罗·贝尔（Paul Bert）在19世纪下半叶的研究使人们对这一现象有所了解。

在水下，随着水深的增加，人体会承受越来越大的压力，这个压力就是我们今天所说的水压。在海水中，深度每增加10米，气压就增加1巴（Bar）[1]（即1kg/cm^2），

1 巴（Bar）：压强单位，1巴约等于1个大气压。

▲潜水员在英国皇家海军“皇家乔治号”（HMS Royal George）沉船附近工作。这艘战舰1756年下水，是当时世界上最大的战舰，于1782年8月29日在朴次茅斯港附近的斯皮特黑德（Spithead）沉没，当时它正抛锚进行维修工作。船只沉没造成800人遇难。残骸位于水下20米深的地方，直至1843年，人们先是利用潜水钟再到身穿潜水服，在水下搜寻大炮等残骸。插图来自“西贝·戈尔曼”公司的产品目录，威廉·科勒（William Kohler）绘制，伦敦，约1870年。

▶ 生理学家保罗·贝尔（Paul Bert）在巴黎索邦大学的密闭室中测试压力对人体的影响，1869年。

因此潜水员呼吸的空气必须一直保持与周围环境相同的压力。如果上浮太快，氮气（占空气组成成分的80%）会溶解在血液和组织中，以气泡的形式在体内释放出来，就像一瓶香槟被猛烈摇晃之后一样。由此造成的危害会有很多：神经系统损伤、瘫痪甚至是引起可致命的栓塞[1]。因此，保罗·贝尔总结道，潜水人员在上浮过程中非常有必要排氮。为了防止事故发生，他建议将潜水员安排在压缩空气舱（即“高压舱”）中，让潜水员“承受比周围环境更大的压力，然后尽可能慢地减压”。1896年，苏格兰生理学家约翰·斯科特·霍尔丹（John Scott Haldane）进一步发明了第一个逐步减压表。

“重脚潜水服”的市场一直发展到20世纪中叶，这些“深海工作者”的丰功伟绩也在不断地吸引着大众的关注。海底艰难的救援行动也需要大批潜水员参与其中，与时间赛跑，尽力解救被困的船员。在两次世界大战期间，潜水员们还积极参与港口和航道的疏通工作，清理成堆的船体残骸。此时人们可使用的技术也逐渐丰富，包括吊装、（搁浅船只的）脱浅、爆破和水下切割技术。这些大型的工程技术已经能在1942年11月27日的法国土伦（Toulon）舰队沉船[2]打捞中应用起来了，当时在瑟堡遇难的约有100艘舰艇和12艘潜水艇，清理工作最终在1944年6月才完成，此后补给的船只队伍才能通行和卸货。

1 栓塞：在循环血液中出现的不溶于血液的异常物质，随血流运行至远处阻塞血管腔的现象称为栓塞。

2 土伦沉船事件：二战期间法国海军自沉舰艇事件。

“我已经证明，所有（从深海上浮至水面的）事故，不管是轻症还是猝死，起因都是氮气泡在血液甚至组织中释放[5]。”

——保罗·贝尔

▲“西贝·戈尔曼”公司出售的头盔。来自法国阿韦龙省埃斯帕利翁的潜水博物馆。

◀在美国佛罗里达州塔彭斯普林斯（Tarpon Springs）一艘船的甲板上的潜水员。作为20世纪上半叶天然海绵捕捞的圣地，塔彭斯普林斯被誉为“美国海绵之都”。这座城市吸引了许多来自希腊多德卡尼斯群岛（Îles du Dodécanèse）的潜水员，他们是自古以来毫无争议的潜水专家。

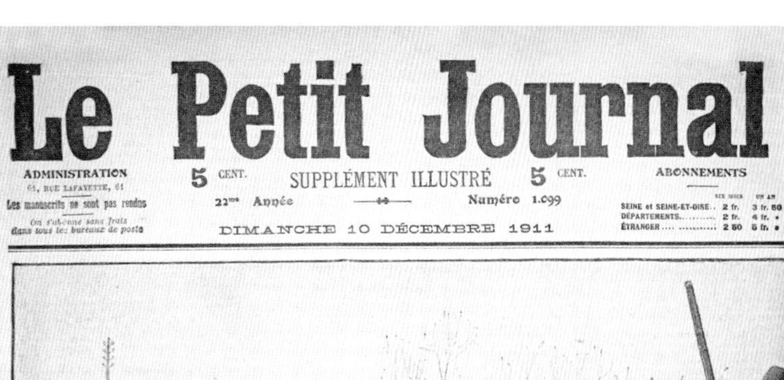

Le Petit Journal

ADMINISTRATION
61, RUE LAFAYETTE, 61
Les manuscrits ne sont pas rendus
On s'abonne sans frais dans tous les bureaux de poste

5 CENT. SUPPLÉMENT ILLUSTRÉ 5 CENT.
22me Année — Numéro 1.099
DIMANCHE 10 DÉCEMBRE 1911

ABONNEMENTS

	SIX MOIS	UN AN
SEINE et SEINE-ET-OISE..	2 fr.	3 fr. 50
DÉPARTEMENTS..........	2 fr.	4 fr. »
ÉTRANGER	2 50	5 fr. »

LA CATASTROPHE DU VAUDELENAY

Descente des scaphandriers à la recherche des victimes

◀ "沃德莱奈（Vaudelenay）的灾难。潜水员下水寻找遇难者。"插图来自杂志《袖珍日报》（*Le Petit Journal*），1911 年 12 月 10 日 刊。1911 年 11 月 23 日，在图埃河（rivière Thouet）上的一座金属桥［位于曼恩 –卢瓦尔省（Maine–et–Loire）］的蒙特勒伊 –贝莱（MontreuilBellay）附近，在往返昂热（Angers）和普瓦捷（Poitiers）的405路城际铁路经过时倒塌。由于水位急速上升，水流湍急，潜水员不得不等待三天才能进行救援。这次铁路事故造成14人死亡。

▶ 插图来自法国《袖珍日报》在 1892年 2月 13日的增刊：潜水员在法国城市勒阿弗尔水下寻找沉船的货物。

H. MEYER

◀ 插图来自法国《袖珍日报》在1905年7月23日的增刊："'精灵号（Farfadet）'海难：潜水员正在努力使潜艇脱浅。"7月6日，在一次演习中，"精灵号"潜艇在突尼斯北部的比塞大潟湖（Bizerte）沉没。因为"精灵号"潜艇被困在10米深的泥浆中，在多次尝试后，操作人员才成功用卷扬机把潜艇拉拽出水面，然后把它拖入干船坞。1905年7月15日，悲剧发生9天后，救援人员终于进入潜艇内部，发现了沉船中的13名船员的遗体。

▲ 密歇根州苏圣玛丽市（Sault Sainte-Marie），潜水员在修理船闸，约1900年。

◀ 潜水员带着水下切割工具。这种工具最初出现在1909年。在那之前，潜水员需要先用炸药、凿子和锤子，接着再用风钻，才能完成操作。

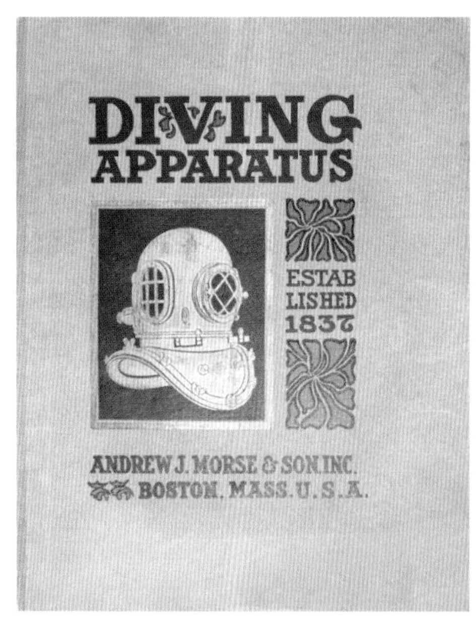

▲ “重脚”潜水鞋。来自法国阿韦龙省埃斯帕利翁的潜水博物馆。它们由黄铜和铅制成，每只重5千克以上，这使得潜水员可以垂直站立在水底。金属的鞋头还能用来踢破门或木质隔板，从而进入沉船内部。

◀ 美国“安德鲁·莫尔斯父子”公司（Andrew J. Morse & Son Inc.）[该公司坐落于美国马萨诸塞州（Massachusetts）波士顿（Boston），专业生产潜水设备]1925年商品样本表的封面。

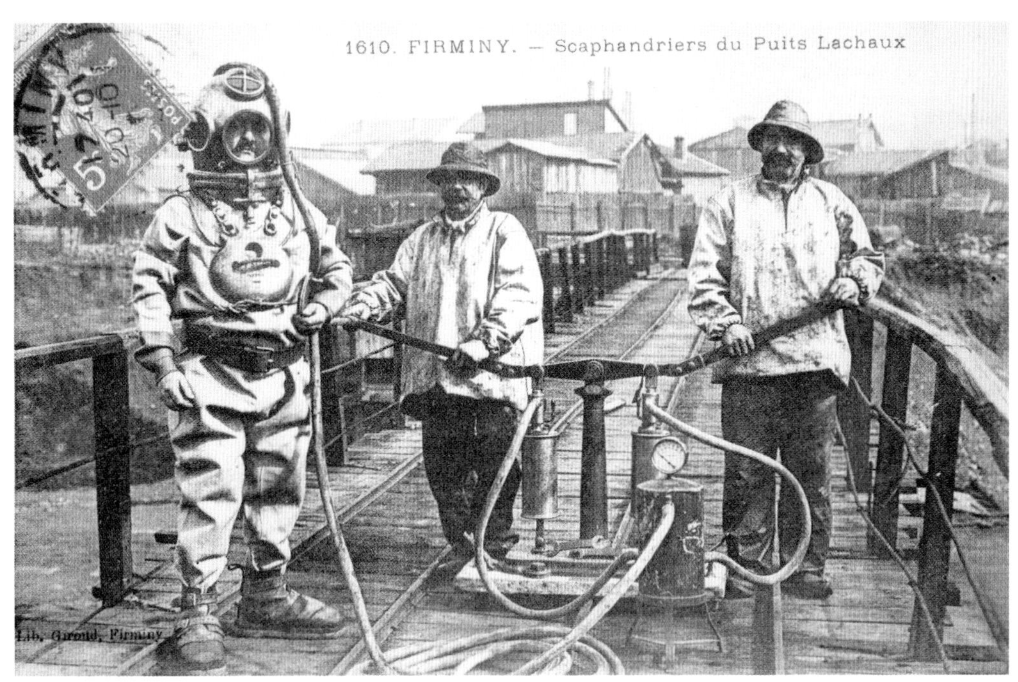

1610. FIRMINY. — Scaphandriers du Puits Lachaux
Lib. Giroud, Firminy

775 — LA PALLICE-ROCHELLE
Un Scaphandrier
en tenue pour la Plongée - L. C.

▲1911年的明信片："从拉绍矿井（Puits Lachaux）出来的潜水员。"在卢瓦尔省的菲尔米尼（Firminy）地区，矿业公司会请潜水员参与定期维修工程或救援任务。

►1910年的明信片："穿着潜水装备的潜水员。"20世纪初，一所潜水员学校在拉罗谢尔（La Rochelle）的港区拉帕利斯（La Pallice）成立。

▲ 1915年，在芬兰赫尔辛基港口（port de Helsinki），一名俄罗斯潜水员准备下水寻找沉船。

► 20世纪初，威廉·沃克（William Walker）是“西贝·戈尔曼”公司中最有经验的潜水员。从1906年到1911年，他致力于修复、加固英格兰南部温彻斯特大教堂（cathédrale de Winchester）水下的地基。这座建筑有倒塌的危险，沃克必须潜入地下隧道来巩固底层结构。他在完全黑暗的环境中工作，每天六小时，持续了五年……完成这项巨大的工程需要用到超过 25000袋水泥、115000块混凝土块和 900000块砖！

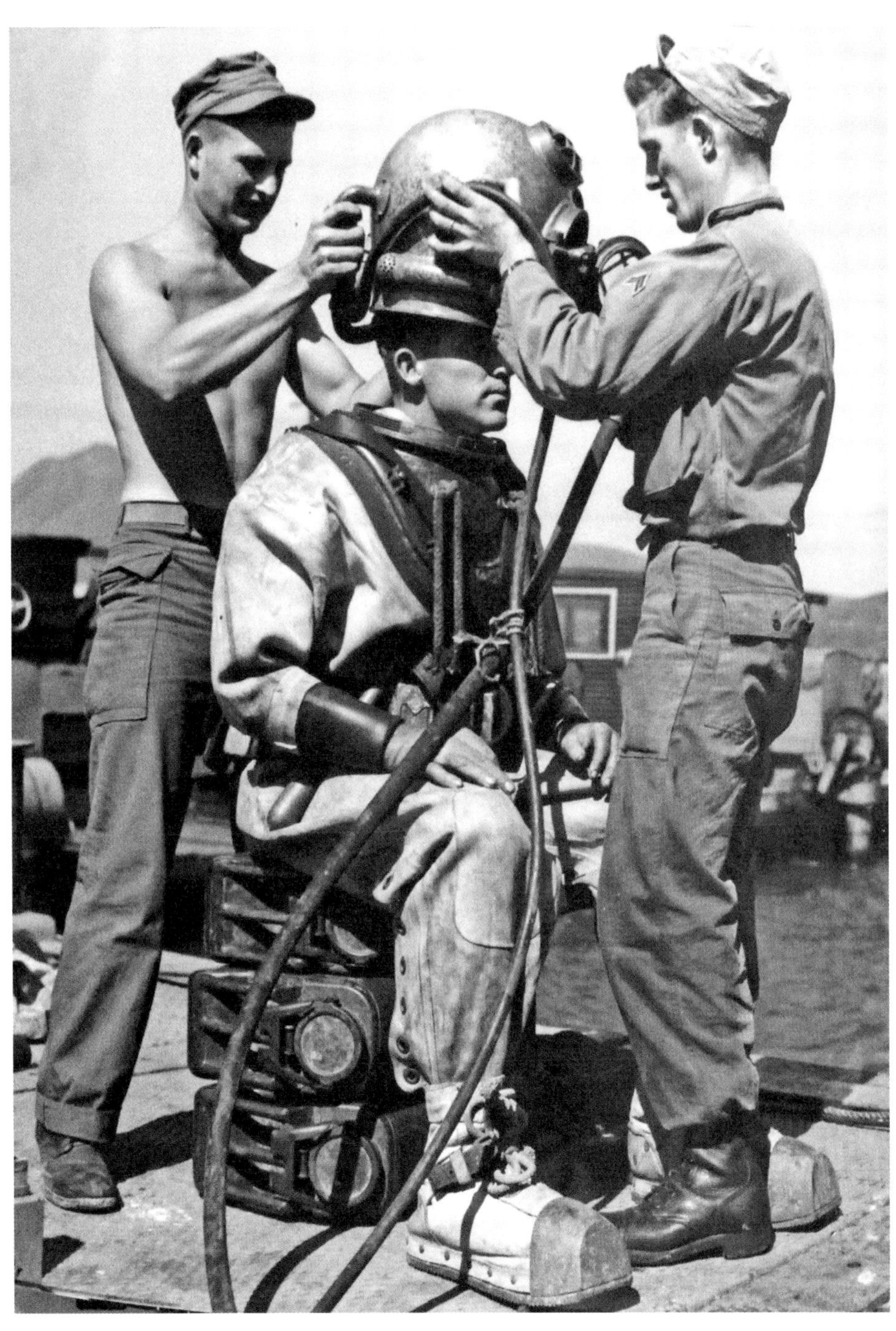

1952年9月4日，朝鲜战争期间，美国海军潜水员准备在釜山港（Port de Pushan）潜水。

◀ 1943年10月22日，二战期间，正准备下水清理意大利那不勒斯（Naples）港口的美国海军潜水员。

▲ 1924年10月13日，美国上映的电影《航海家》（*The Navigator*）中，凯瑟琳·麦奎尔（Kathryn McGuire）帮助巴斯特·基顿（Buster Keaton）戴上他的潜水服头盔。

◀ 约在1880年，喜剧女演员莎拉·伯恩哈特（Sarah Bernhardt）身着潜水服为戏剧《海洋皇后》（*L' Impératrice de l' océan*）拍摄宣传照片。

▶ 被海怪袭击的潜水员。19世纪末和20世纪初大众画刊媒体的兴起在很大程度上促进了“重脚潜水员”形象的传播，在民众的心中，他们就是真正的“现代骑士”。这些插图同样也表达了人们对未知海洋生物的恐惧。封面插图来自《旅行画报（陆地和海洋探险）》（*Giornale Illustrato dei Viaggi [e delle Avventure di Terra e di Mare]*），1923年3月25日出版。在背景图中，人们能注意到威廉姆森（Williamson）的光环（参见第5章《潜水艇》（*Des vaisseaux sous la mer*），第145页）。

刚性潜水服

从19世纪开始，出现了所谓的“刚性”金属潜水服，能够减少来自水下压力的限制。在实在的盔甲保护下，潜水员不再需要呼吸压缩的空气；他可以像在地面一样呼吸正常的空气，这使得他的器官不用再遭受难以忍受的痛苦。同时，潜水员能够下沉到更深的地方，而不必考虑需要在上浮的过程中遵守减压表的要求。这些“刚性”潜水服的主要不足是它们的灵活性差，因为铰接式胸甲很大程度上限制了潜水员的活动。另外，它们又十分笨重，必须使用船只甲板上安装的卷扬机吊取。

厂商面临的技术挑战是保证连接各种刚性部件的接头的密封性。几十年来，德国公司“纽费尔特和库恩克”（Neufeldt und Kuhnke）因“大气”潜水服的生产享有盛名。早在1917年，它就推出了第一个革命性的钢制模型，重达450千克，每个铰接接头由安装在滚珠轴承上的球形接头制成。

1924年，一名德国海军水手穿着改良后的潜水服潜至水下 160米，创造了新的潜水纪录。

▲ 1924年7月，德国“纽费尔特和库恩克”公司为测试第二代大气潜水服，在德国巴伐利亚瓦尔兴湖（lac de Walchensee）进行试潜。这件潜水服原名为Panzertaucher（字面意思是“潜水坦克”），由钢和铝制成，重约450千克。

12 Pages 12 Pages

Le Petit Journal

HEBDOMADAIRE
61, rue Lafayette, Paris

illustré

PRIX : 0 fr. 30
17 Décembre 1922

Sous la Mer

Imagine-t-on un être humain, revêtu d'une semblable carapace d'acier et de cuir et se mouvant dans les grandes profondeurs sous-marines ? Ces monstres ne semblent-ils pas créés par l'imagination d'un Jules Verne ou d'un Wells ? En réalité, ces scaphandres formidables sont employés par une *société* de renflouement, pour reconnaître l'épave du *Lusitania* coulé par 80 mètres de fond.

▲ 1935年10月，在爱尔兰南海岸，潜水员吉姆·贾勒特（Jim Jarrett）准备潜至海下95米处寻找“卢西塔尼亚号”（Lusitania）的残骸，他身上穿着工程师约瑟夫·萨利姆·佩雷斯（Joseph Salim Peress）设计的“大气”潜水服。“卢西塔尼亚号”邮轮往返于美国纽约（New York）和英国的利物浦（Liverpool），在1915年被一艘德国潜艇击沉。

◀ 德国“纽费尔特和库恩克”公司的第一代“大气”潜水服。图为法国《袖珍日报》1922年12月17日增刊封面。

“‘鲁凯罗尔 -德纳鲁兹潜水服’（Rouquayrol-Denayrouze）的特点在于能进行海底快速作业，例如，用于军事行动，甚至用于救援，但它没法承受水下长时间的作业……与之相反，‘重脚潜水服’就可以承受长达五个多小时的作业，不用浮出水面！那么它们的适用场景就不一样；这就是在1900—1920年，配备自主控制呼吸系统（带有储气罐）的便携式潜水服的使用频率低于传统潜水服的原因了。”

——法国埃斯帕利翁的潜水博物馆的创始人
吕西安·卡布罗列（Lucien Cabrolié）

第一套配自主控制呼吸系统（带有储气罐）的便携式潜水服

当“重脚潜水服”仍然依赖陆上来供给空气时，“鲁凯罗尔-德纳鲁兹”（Rouquayrol-Denayrouze）潜水服作为一种自主潜水装备在1864年获得了专利，它带有高压储气罐和气流调节器，也是历史上第一个可自主控制呼吸的潜水系统。它的原理是通过调节机械调节器将高压罐内的空气输送给潜水员，同时保持高压罐内的压强与周围水压相同。除了能够自主调节之外，该系统还提高了水下呼吸的舒适度。这套系统由采矿工程师伯努瓦·鲁凯罗尔（Benoît Rouquayrol）和海军中尉奥古斯特·德纳鲁兹（Auguste Denayrouze）在距离海岸超过100多千米的阿韦龙省发明，最初设计的目的是用于营救矿井瓦斯爆炸的被困者，后来经过调整后能满足水下作业的需求。最初的测试是在埃斯帕利翁镇的一座旧桥下的洛特水域（Lot）进行的。潜水员头上没有任何装置，只有一个简易的鼻夹和一个嘴含式呼吸器，呼吸器通过管道和调节器连接到固定在背后的储气罐。潜水员可以通过简单的呼吸直接控制气阀的开关，从而自己调节吸入的空气量。在不与地面产生任何联系的情况下，潜水员佩戴这套装备能在水下10米的深度自主活动30分钟！从1865年开始，鲁凯罗尔和德纳鲁兹逐步改进这套潜水服，先是发明了猪鼻形状的半面头盔，然后是和“重脚潜水服”一样的一个用螺栓固定连接在领口的全脸面罩，这项发明极具创新性，在1867年的世界博览会上获得金奖。此时，儒勒·凡尔纳（Jules Verne）在博览会上发现了这套潜水服，并意识到这套自主装备能为水下探索提供无限可能。三年后，在这位作家出版的小说《海底两万里》（*Vingt Mille Lieues sous les mers*）中，尼莫船长及其属下的装备设计灵感就直接来自“鲁凯罗尔-德纳鲁兹”潜水服。

然而，“鲁凯罗尔 -德纳鲁兹”潜水服的设计无疑太超前，导致这个产品未能打开市场。法国海军购买了一些套装，主要用于水下船体的快速检查，但大型水下作业更倾向于使用传统的潜水服，尽管传统的潜水服存在需要从外部供应空气的缺点。就当时而言，在水底作业的时长远比灵活性更重要。

▼ 尼莫船长和他的手下配备了罐式便携自主控制呼吸的“鲁凯罗尔－德纳鲁兹”潜水服，从“鹦鹉螺号”上撤离后，埋葬了自己的一个同伴。插图由阿尔方斯纳·德·维尔（Alphonse de Neuville）为儒勒·凡尔纳的《海底两万里》绘制，巴黎，出版商：J. 黑泽尔及其他，1871年。

▲ 伯努瓦·鲁凯罗尔（Benoî Rouquayrol）（1826—1875，上图）和奥古斯特·德纳鲁兹（Auguste Denayrouze）（1837—1883，下图），第一套配自主控制呼吸系统（带有储气罐）的便携式潜水服装备的两位发明者。

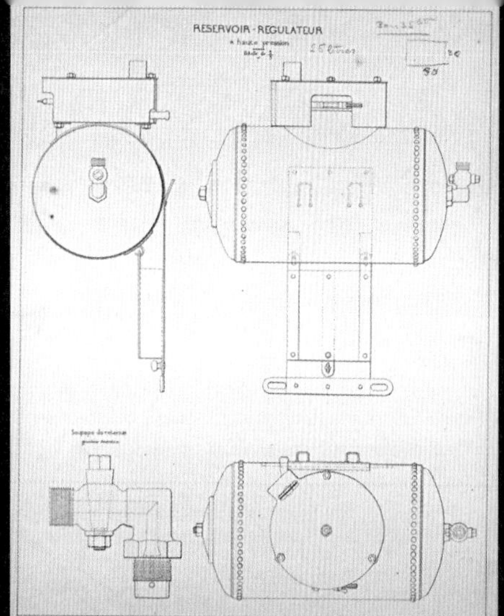

▲ “鲁凯罗尔 -德纳鲁兹”潜水服的高压储气罐和气流调节器的平面图。

▼ “鲁凯罗尔 -德纳鲁兹”潜水服高压储气罐和气流调节器，1864年的模型。来自法国阿韦龙的埃斯帕利翁的潜水博物馆。

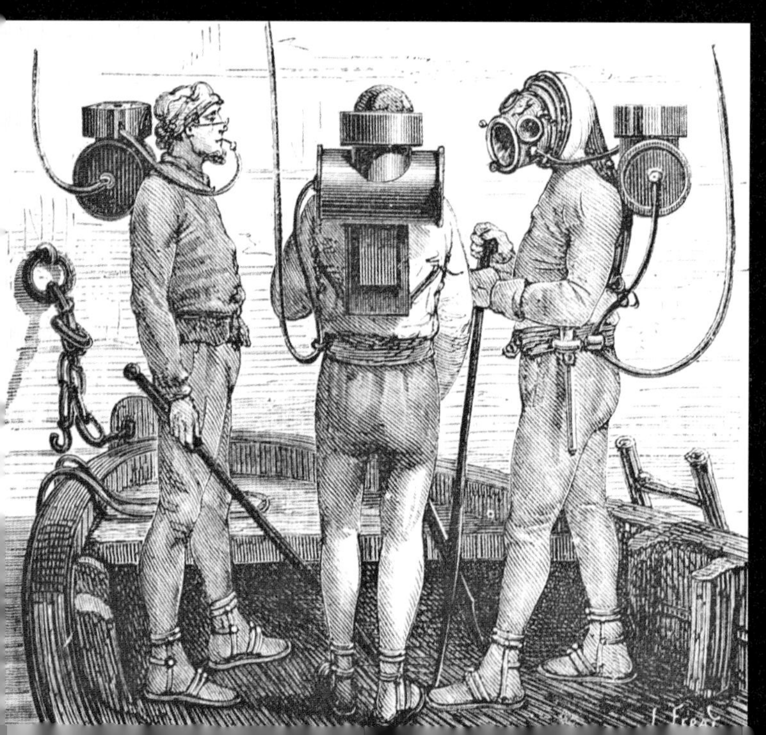

◀ 潜水员穿戴着不同版本的鲁凯罗尔 -德纳鲁兹潜水服，左为简单嘴含式呼吸器版本，右为“猪鼻形”头盔版本。插图来自《海底世界》（*Le Fond de la mer*），作者：莱昂 · 松雷尔（Léon Sonrel），巴黎，出版商：阿歇尔出版社（*Librairie Hachette*）及其他，1868年。

▶ 潜水员身穿配有高压储气罐和气流调节器的“鲁凯罗尔 -德纳鲁兹”潜水服，头上戴着1865年发明的“猪鼻”半面头盔。来自法国阿韦龙省埃斯帕利翁的潜水博物馆。

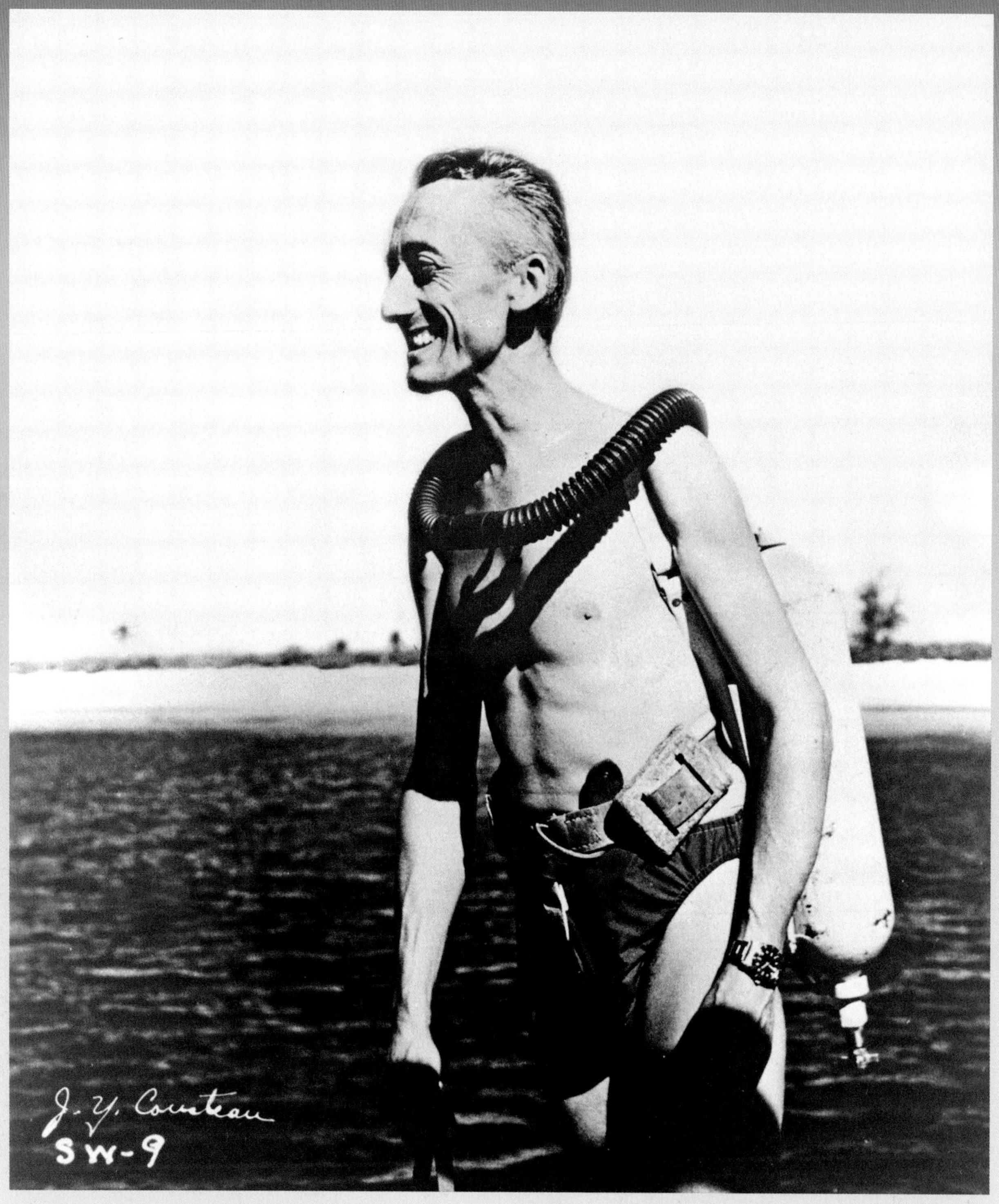

▲ 雅克－伊夫·库斯托，1956年。

第三章 水肺潜水的到来

水下狩猎

20世纪初，人类在水下的活动，仅限于潜水员艰难但不懈的海底探索。

然而，一种对新的自由的渴望开始出现：能够摆脱水面的束缚，自由穿梭于海洋群落中，做一条美人鱼也未尝不可！这一切的驱动力大概是来自海洋水下狩猎运动。这种运动于20世纪30年代在蔚蓝海岸（Côte d' Azur）[1]发展起来，那里宜人的气候和丰富的野生动物吸引了不少爱好者。先是亚历克·克拉马连科（Alec Kramarenko）[2]，伊夫·勒·普里厄（Yves Le Prieur）[3]，接着是雅克-伊夫·库斯托（Jacques-Yves Cousteau）[4]，菲利普·塔耶（Philippe Tailliez）[5]，弗雷德里克·杜马斯（Frédéric Dumas）[6]，汉斯·哈斯（Hans Hass）[7]，乔治·伯沙（Georges Beuchat）[8]：这些未来的潜水大师的身影穿梭于尼斯（Nice）[9]和摩纳哥的海岸之间。这些水下的先驱身着简单的潜水衣，在开展新的水下征程时，追求的就是灵活性和轻盈性。为了获得更好的视野，他们最初就像亚洲水下渔民一样配备了护目镜，后来护目镜逐渐被面罩取代。而第一对脚蹼的出现使水下移动变得更加容易。透气管的配备使潜水员部分浮出水面即可进行换气，鱼叉枪对水下狩猎来说也必不可少。雅克-伊夫·库斯托后来表示：“这是一项迷人的运动，需要在一个未知的环境中，过五关斩六将……如同进入了丛林一般，怀着犹如第一次读吉卜林（Kipling）的丛林故事时的激动心情。”

---

[1] 蔚蓝海岸：法国东南沿海。

[2] 亚历克·克拉马连科：俄国人。

[3] 伊夫·勒·普里厄：法国人，海军军人，法国发明家，潜水装备先驱者之一。

[4] 雅克－伊夫·库斯托：法国人，水肺潜水先驱者之一。

[5] 菲利普·塔耶：法国人，水肺潜水先驱者之一。

[6] 弗雷德里克·杜马斯：法国人，水肺潜水先驱者之一。

[7] 汉斯·哈斯：奥地利人，水肺潜水先驱者之一。

[8] 乔治·伯沙：法国发明家，法国水下运动装备公司 Beuchat International 创始人。

[9] 尼斯：法国东南部城市，普罗旺斯－阿尔卑斯－蓝色海岸大区（Région Provence-Alpes-Côte-d' Azur）滨海阿尔卑斯省（Alpes-Maritimes，06 省）省会和该省最大城市。

“他们带着越来越精巧的长矛、弓、弩、面具、脚蹼和呼吸管进入水下。几乎每个人都展现了所有动物包括远古人类——智人（Homo sapiens）在内的最原始的本能：狩猎。”

——自由潜水员
雅克·马约尔（Jacques Mayol）

▲卡西斯（Cassis）的小海湾，位于罗讷河口（Bouches-du-Rhône），在20世纪上半叶，会聚了许多水下狩猎和水肺潜水的先驱者。

▼《熟练的水下猎人》（*The Compleat Goggler*）原版英文封面，伦敦，编辑：约翰·莱恩（John Lane），出版商：鲍利海出版公司（The Bodley Head Limited），1938年。作者是美国记者盖伊·吉尔帕特里克（Guy Gilpatric），他在20世纪30年代经常在蔚蓝海岸与所有水下狩猎的先驱们交流。这是第一本完全致力于介绍这项水下狩猎新运动的书。新词“Goggler”源自当时潜水员使用的“游泳护目镜”（Goggles）一词，标题可以翻译为“完美的戴着游泳护目镜的人”。这本书出版后，“Goggler”（戴着游泳护目镜的人）成为所有水下猎人的代称。第二次世界大战后，这个称呼才逐渐被“蛙人”一词所取代，“蛙人”的名称来源于脚蹼，这一潜水装备最先由美国海军潜水员使用，随后逐渐得到推广。

▶ 1934年7月出版的《我什么都知道》（*Je sais tout*）杂志封面，颂扬由海军少校路易·德·科利厄（Louis de Corlieu）发明的用于海上救援的"人工鳍片"。为了证明发明的有效性，科利厄于1933年在昂代（Hendaye）湾的水流中进行了第一次测试。穿戴上他的发明，科利厄成功地游了8千米的距离。然而，这创举在大西洋的东岸几乎没有引起什么反响，科利厄最终在1939年把专利权转让给了一位美国加州实业家。"游泳鳍"随后被美国海军采用，并在全世界得到了推广应用，但是没有给发明人带来分毫专利收入！

◀《在科西嘉和蔚蓝海岸的水下狩猎》的封面，作者：米歇尔·布莱（Michel Blay），巴黎，出版商：J. 佩罗内（J. Peyronnet），1949年。这本书出版于第二次世界大战之后，正是潜水捕鱼和水肺潜水流行的时候。潜水装备也标准化，脚蹼和面罩是必备的。面罩可以遮住面部，自然地平衡了内部和外部之间的压力，可以避免令人痛苦的"吸盘"效应，也就是眼镜因压力吸附在眼睛上的情况。

伊夫·勒·普里厄（Yves Le Prieur）少校

> “我在这个水下世界体验到一种强烈的自由感，就像阳光照进了我那颗永不满足的好奇心一样。”
>
> ——伊夫·勒·普里厄

作为一名发明家和军人，伊夫·勒·普里厄少校也是第二次世界大战前潜水界的重要人物之一。1905年和1907年两次在印度支那执行任务时，身着“重脚潜水服”的体验激发了他对潜水的激情。

1925年，参观在巴黎大皇宫举行的国际现代装饰和工业艺术展览会时，勒·普里厄观看了在玻璃展览箱中的新型呼吸系统的展示。

这套呼吸系统由制造商莫里斯·费尔内（Maurice Fernez）设计，旨在帮助救援被困的游泳者。这套设备配有护目镜、鼻夹和嘴含式呼吸器，呼吸器由一根软管连接着安置在船上的手动空气压缩泵，来调节呼吸气体的气压。

勒·普里厄被这套精巧的装备所吸引。在不知道“鲁凯罗尔-德纳鲁兹”（Rouquayrol-Denayrouze）潜水服系统（这套系统逐渐被人遗忘）存在的情况下，勒·普里厄建议费尔内与他合作开发一种摆脱地表输气装置的独立潜水设备。

第二年，“费尔内-勒·普里厄”（Fernez-Le Prieur）潜水装备问世。这套装备既轻便又容易操作，第一次真正地实现了自主潜水。潜水员身背带调节器的空气压缩瓶，通过压力调节器可以手动调节吸入的空气流量。整套设备仅重10千克，可以让穿戴者在潜入7~8米的水深处停留约20分钟。1933年，勒·普里厄单独开发了一种新型号的装备：一个直接连接到压缩空气瓶的大面罩，取代了原来型号的护目镜、鼻夹和嘴含式呼吸器。1935年，法国海军采购了“勒·普里厄”型号潜水服，并装备到所有的舰艇。勒·普里厄的热情感染了大众，让潜水作为一种娱乐活动的印象深入人心。在1937年的世界博览会期间，勒·普里厄在特罗卡德罗水族馆（aquarium du Trocadéro）出色地展示了他的潜水装备系统，他尽可能详细地介绍了这套装备，特别强调了它的简易性：潜水员不必花费大力气就能够自由地变换姿势且不受重力影响。

结束与莫里斯·费尔内（Maurice Fernez）的初始合作之后，勒·普里厄独自继续改良潜水装备：他发明的面罩取代了护目镜，还发明了方便使用的前置空气压缩瓶。第二个较小的空气压缩瓶为气动步枪发射狩猎用的箭支提供动力。20世纪50年代末，水下狩猎的竞赛五花八门，而这种运动的快速发展引起了商业渔民群体的强烈抗议，并且希望通过立法来限制这项运动竞技，最终将禁止使用水下呼吸装备以及任何压缩空气动力的枪支或鱼叉进行水下狩猎。从此以后，水下狩猎者们只能使用手臂的力量按压弹簧或拉伸松紧带来武装自己。

▲ 1926年8月7日，伊夫·勒·普里厄海军少校在图雷尔游泳馆（piscine des Tourelles）向巴黎公众展示“费尔内-勒·普里厄”（Fernez-Le Prieur）潜水设备。

“在水中，光线在我的头顶上形成一个光环，那一刻，我就像要离开现在这个世界，去探索另外一个长期被忽略的、触手可及的世界……在水里，我觉得我完全摆脱了重力的束缚，我大幅度地跳跃、转圈和翻筋斗。我激动的心情难以言表。”

——伊夫·勒·普里厄

◀伊夫·勒·普里厄穿着他著名的第二代潜水服的照片。

▲ 伊夫·勒·普里厄，海军军官，摄于1920年。勒·普里厄的军旅生涯可圈可点，他参加过第一次世界大战、曾任法国海军上尉、海军航空部队的飞行员、战争部发明局局长以及飞机弹道系统和安全装置的设计员。在以预备役海军少校军衔离开军队后，勒·普里厄进行了多项跨界活动：除了发明潜水设备，在自主水肺潜水设备的发明历程中获得重要地位之外，他同样也做过绘图员，1928年成为茹安维尔（Joinville）电影制片厂的顾问工程师，还设计了各种其他潜水设备（水下防水观景沉箱、鱼叉步枪、防鲨鱼笼、发热连体服等）。勒·普里厄的自传《潜水第一人》（*Premier de plongée*）于1956年出版，他在书的结尾这样写道：“在如此变幻多端的职业生涯结束时，看到如此多的人对海底世界探索抱有热忱，对我来说，是一种极大的喜悦。能够成为人类在完全切断与陆地联系的情况下自主地潜入水中的先驱者，这是我在水手和发明家生涯中从事的众多事业中，让我最引以为豪的[5]。”

▼《青年杂志：冒险、航空》（*Jeunesse magazine : aventures, aviation*）杂志封面，1937年1月17日刊。一位记者在杂志中描述他从伊夫·勒·普里厄那里学到的关于水下狩猎的启蒙知识：“您的身体将不再受制于任何陆上的规则。您既是鱼，又是鸟，可以在水底采摘鲜花，然后脚一蹬就上升到水面，还可以揭开寄居蟹的秘密，并在它们的洞穴中寻找美人鱼。但是第一次的时候，如果您愿意的话，它就只是一件简单且本能的事情：狩猎。”

水下俱乐部

伊夫·勒·普里厄和他的电影制片人朋友让·潘勒韦（Jean Painlevé）一起创立了“潜水服和水下生活俱乐部”（Club des scaphandres et de la vie sous l' eau），简称为“水下俱乐部”（Club des sous l' eau），首次将水肺潜水爱好者聚集在一起。让·潘勒韦是科学纪录片的先行者，他热爱海洋生物，甚至制造了一个水下拍摄用的设备，借助这个设备，他得以在水族馆或自然环境中拍摄到章鱼、海马、海胆、虾、寄居蟹等水生生物。水下俱乐部的所有成员都配备了“勒·普里厄”系统里的水下拍摄设备和潜水设备，让这些爱好者能迅速体验到海下潜水的乐趣且能够尝试在水下几米的位置进行海洋狩猎和海底拍照，跨出海洋探险的第一步。

这个俱乐部正式成立于1935年8月1日，位于勒·普里厄在瓦尔（Var）省[①]海岸的圣拉斐尔（Saint-Raphaël）持有的一栋独立建筑中，它也被称为“勒·普里厄里修道院”（Le Prieuré）。这栋建筑有一个私人港口，勒·普里厄在那里进行了许多水下实验。随后，水下俱乐部在巴黎陆续举行了各种形式的集会，有会议、首次体验和游泳培训，甚至有展示晚会。1936年5月16日，在海军部部长的见证下，巴黎拉丁区圣日耳曼大道附近的蓬图瓦兹（Pontoise）游泳馆举办了一场大型、公开的航海盛宴。潜水员穿戴着“勒·普里厄”系统参加了速度竞赛、水下列队和杂技表演等项目。勒·普里厄用他的水下步枪射击目标，与一个五岁半的女孩一同进行了各种水下动作表演，这个小女孩因此也成为“世界上最年轻的潜水员”！

① 瓦尔省：法国普罗旺斯－阿尔卑斯－蓝色海岸大区所辖的省份，位于法国东南部，南临地中海，海岸线曲折。

◀（78 页上图）1935 年 8 月 1 日，俱乐部的揭幕仪式在圣拉斐尔（Saint-Raphaël）的“勒·普里厄里修道院”（Le Prieur é ）正式举行。伊夫·勒·普里厄站在左边，手里拿着面罩，让·潘勒韦在他的左边。记者们到场见证了这一仪式，他们特别详细地介绍了俱乐部成员使用的潜水设备：“压力调节器允许您根据所潜的深度调整所需的空气量；初学者使用可能很快就用完瓶里面的空气，但在熟练的人手中，150 千克的空气压缩瓶，足够他们在 5 米深的水下持续使用 20 分钟。[7]”

◀（78 页下图）让·潘勒韦（左）和伊夫·勒·普里厄（右）展示了勒·普里厄的另一项发明：自行车打气筒。该系统的脚踏板在活动时会压缩空气并将其送入连接到潜水员面罩的管道中，因此无须知携带空气压缩瓶即可四处冒险。为了平衡因不装备空气压缩瓶而导致的重量损失，潜水员需要佩戴铅腰带，增加负重。

5me Année · N° 230
CHAQUE SAMEDI
L'HEBDOMADAIRE DU REPORTAGE
17 AOUT 1935
16 PAGES · 1 fr. 25
VOILA
JEAN PAINLEVÉ
VIENT D'ORGANISER LE
CLUB DES
SOUS L'EAU
QUI PERMETTRA BIENTOT
AUX FERVENTS DE LA MER
DE SE PROMENER DANS LES
PROFONDEURS SOUS-MARINES

▲ 1936 年，水下俱乐部的成员聚集在巴黎第 5 区的蓬图瓦兹游泳池。

◀ 电影制片人让·潘勒韦是俱乐部的联合创始人。图为 1935 年 8 月 17 日的《就是这个》（*Voilà*）杂志封面，让·潘勒韦拿着他的“德雷德·帕沃”（Dreade Parvo）水下拍摄箱。

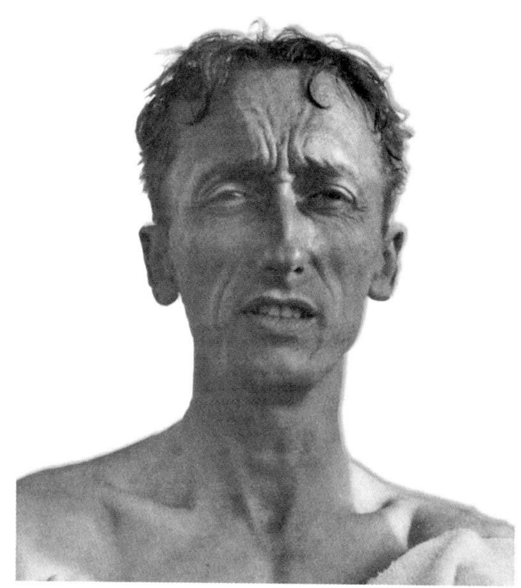

◀ 1948 年摄于佛得角（Cap-Vert），三位好友、水肺潜水的先驱：雅克-伊夫·库斯托、弗雷德里克·杜马斯和菲利普·塔耶。塔耶给这个小团队起的绰号“海上火枪手”（Mousquemers）[1] 流传至今。

1 海上火枪手（Mousquemers）：是菲利普·塔耶生造的词，化用了“火枪手”（Mousquetaire）一词。因该法语单词的最后一个音节“Taire”与“土地”（Terre）同音，塔耶把最后一个音节改为读音相似的“海洋”（Mer）一词，契合他们的团队活动性质。另外，《三个火枪手》是大仲马创作的长篇小说。

▶ 斯皮罗技术（La Spirotechnique）公司的广告，出版于1949年。作为液化空气集团的子公司，斯皮罗技术公司由雅克-伊夫·库斯托和埃米莉·加尼昂于1946年创建，用于销售CG45潜水服。

“库斯托－加尼昂”气流调节器

在随后的几年里，年轻的海军军官雅克-伊夫·库斯托让水肺潜水进入了下一个关键的阶段。库斯托热衷于水下狩猎和水下摄影，并与两位朋友弗雷德里克·杜马斯和海军少校菲利普·塔耶分享他的潜水经历。德国人占领法国时，库斯托正在研究一种新型号的潜水服，它的精妙之处在于一个可调控的调节器，能够精确地调节空气消耗量。“勒·普里厄”潜水系统的空气供给是定量持续输出，很大一部分空气被浪费，随后变成气泡溢出水面。为了解决这个问题，库斯托与法国液化空气集团（Air Liquide）的工程师埃米莉·加尼昂（Émile Gagnan）取得了联系。加尼昂改进了一种隔膜调节器，用于调节发生炉煤气[1]汽车的燃气供给，并获得成功。这项发明可以节约燃料，缓解了战争期间因燃料供给限制带来的不便。

库斯托向加尼昂寻求合作，把加尼昂发明的调节器适用在潜水装备上。库斯托、塔耶和杜马斯在地中海开发和测试了几个新的潜水装备型号样版。只有当潜水员使用嘴含式呼吸器吸气时，这个新的潜水供气系统的空气才会流动，因此，能大大增加压缩瓶的使用时间，进而增加潜水员在水中的自主性。潜水时间由此变长，也能进入更深的海域。1943年10月15日，在马赛的古德（Goudes）海岸附近，尽管海域情况复杂，弗雷德里克·杜马斯仍创下了水下62米的潜水纪录，同年上映的短片《沉船》（*Épaves*）巧妙地展示了这种水下自主性的胜利。战争刚刚结束，CG45 [也称作“库斯托-加尼昂”（Cousteau-Gagnan）潜水服]专利的申请终于递交了，这件潜水服很快为潜水活动整体的现代化铺平了道路。

1 发生炉煤气：一种专门制作的气体燃料，因用煤气发生炉生产而得名。在充满固体燃料的竖式煤气发生炉的下部，通入空气和水汽的混合物，使之穿过灼热的固体燃料层而制得。

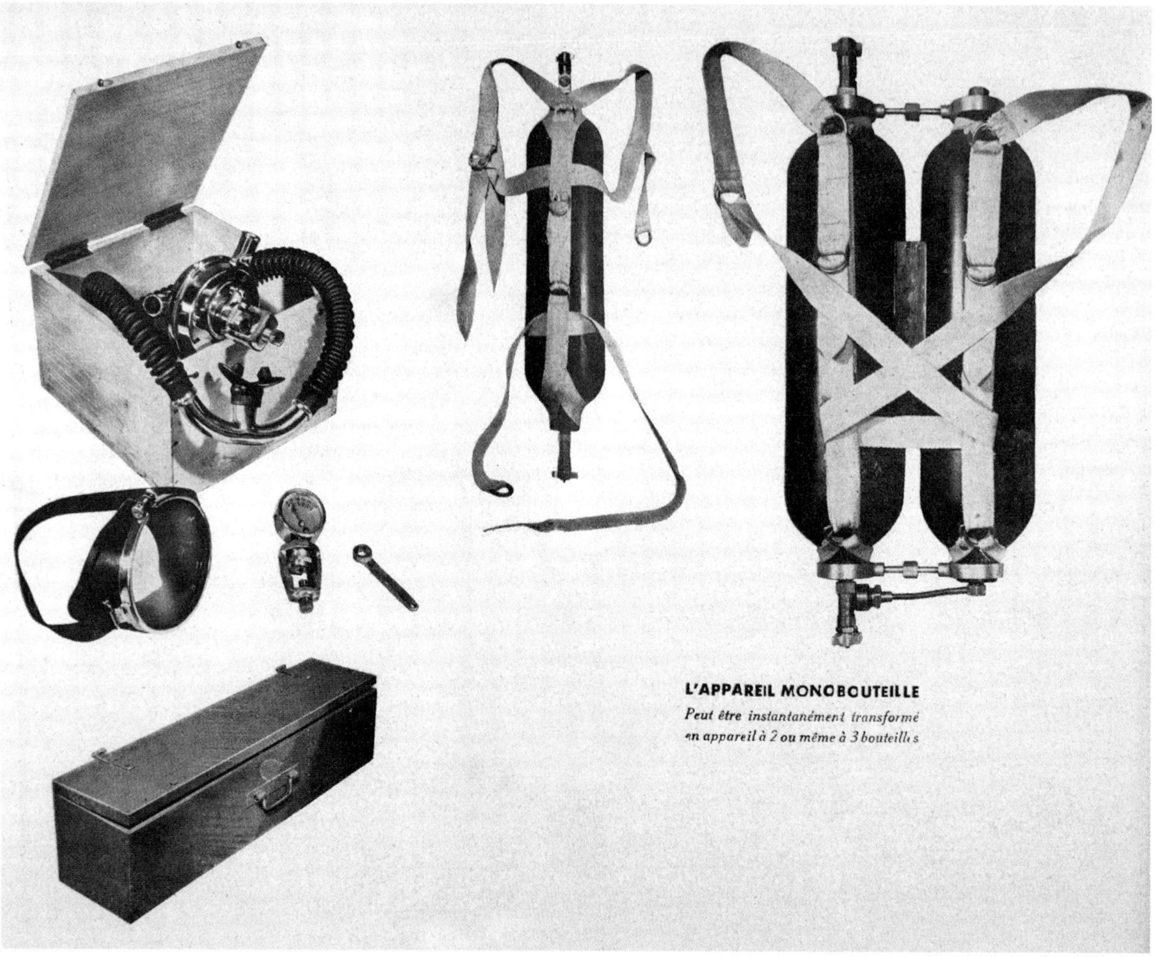

L'APPAREIL MONOBOUTEILLE
Peut être instantanément transformé en appareil à 2 ou même à 3 bouteilles

Etrier de fixation sur le bloc bouteille
Air inspiré
Air expiré

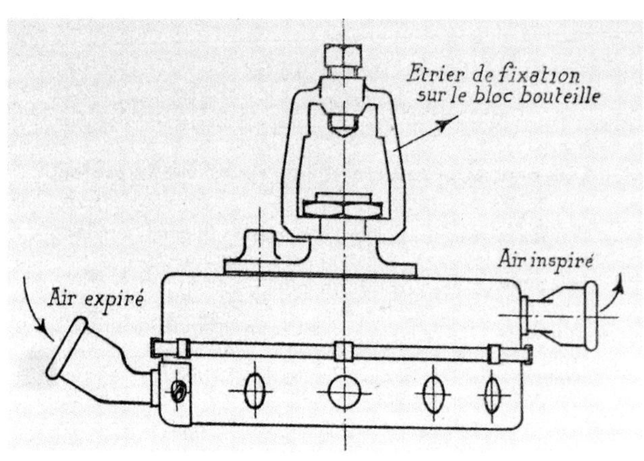

◀ 空气压缩瓶调节器外壳横截面图，选自“库斯托－加尼昂”潜水服的技术说明书。顶部：空气压缩瓶上的固定箍。右侧：空气的出口用管道，连着嘴含式呼吸器，在环境压力下为潜水员提供空气。左侧：接收潜水员呼出的空气的入口，呼出气体经过“鸭嘴”样式的阀门，从箱子周围的细孔排入水中。

▲ 选自“库斯托－加尼昂”潜水服的技术说明书。该页面详细说明了设备的组成部分。左：装着带有波纹软管和嘴含式呼吸器的调节器的箱子（上）、面罩和压力表（中）。中间：单缸体的空气压缩瓶。右：双缸体的空气压缩瓶。

▲ 乔治·科迈因赫斯（Georges Commeinhes）发明的 GC42 供气系统。当我们谈论水肺潜水的起源时，工程师乔治·科迈因赫斯是一个经常被遗忘的角色，他开发了自己的适应水下环境的潜水服模型，改良了父亲在 1934 年发明的呼吸器，能够供消防员在救援现场使用，以保护自己免受有毒烟雾的侵害。GC42 在 1942 年获得专利，这套设备可以让潜水员在 20 米的深度停留 25 分钟。1943 年 7 月 30 日，乔治·科迈因赫斯在马赛的一次潜水中甚至到达了 53 米的深度。随后，科迈因赫斯加入了自由法国军队。他是第二装甲师的坦克指挥官，1944 年 11 月 23 日在解放斯特拉斯堡的战斗中阵亡。

▼ 配备“密史脱拉”（Mistral）调节器的双缸体空气压缩瓶，代替 CG45 潜水系统，于 1955 年开始销售。

▶ 1947年，位于土伦军火库的GRS大楼，由德国人在第二次世界大战期间建造的碉堡改造而成。

水下考察小组

第二次世界大战导致军事潜水员的排雷、救援、侦察或战斗任务成倍增加。为了缩短与英国、美国和意大利海军的差距，参谋长莱蒙尼尔（Lemonnier）海军上将于1945年决定在法国海军中建立一支新的部队，它的任务是在技术和战略上发掘水肺潜水的可能性。

水下考察小组，简称GRS，在2000年更名为CEPHISMER（人类潜水小组和海洋水下干预小组）。雅克-伊夫·库斯托得以继续他的实验，因为他被任命为该小组的副组长，与他一起的还有组长菲利普·塔耶、组员弗雷德里克·杜马斯（合约特聘人员）。后来陆续有新的志愿者加入到这三人组中，包括负责生理学实验室和跟踪治疗的医生和药剂师、化学家，以及致力于提升各种设备性能的工程师和技术人员。

GRS（水下考察小组）的基地位于土伦（Toulon），开始时，潜水测试在地中海的港口小艇上进行，1947年后转移到专门改装的护卫舰“埃莉·莫尼耶工程师号”（Ingénieur Élie Monnier）进行实验。潜水测试有多个关键环节，包括设备测试、事故预防、处理预案、建立标准程序等。GRS团队的工作成果之一是制定了减压表，他们还完成了第一本潜水手册，这本手册规定了潜水活动要遵守的规范。潜水员还需要学习和熟悉“身体麻醉”，或称作“深水醉酒”的一种现象。这种现象早在20世纪20年代就被发现，但至今仍被误解。在潜入水中的过程中，空气中所含的氮气在超过30米的水深处就开始变得对身体有毒。吸入这些氮气会给潜水员造成行动障碍，这种感觉和过度饮酒引起的行动障碍相似。这种现象是许多事故的起因，一旦忽视可能会带来致命的威胁。海军三级准尉莫里斯·法尔格（Maurice Fargues）的惨痛经历就是前车之鉴。1947年9月17日，他刚刚在土伦附近的海域完成120米的潜水活动，打破了新的潜水纪录，紧接着，他的尸体就被打捞上船。

“1945 年，海军总参谋部终于决定‘切断潜水员和水面联系的绳索’。这促进了军事潜水设备的发展，同时也在吸取潜水事故教训的过程中完善潜水流程。”

——CEPHISMER（人类潜水小组和海洋水下干预小组）组长
埃曼纽埃尔·莫卡尔（Emmanuel Mocard）

▲1946 年，菲利普·塔耶（左图）和弗雷德里克·杜马斯（右图）测试针对防御深海低温的防水潜水服。

▲ GRS 小组的潜水员，摄于 1947 年。从左至右依次为：雅克－伊夫·库斯托、鱼雷艇副艇长乔治·伯沙、菲利普·塔耶、鱼雷艇船长让·皮纳尔（Jean Pinard）、弗雷德里克·杜马斯、副机械师居伊·莫朗迪耶（Guy Morandière）。

◀ 1947 年，护卫舰“埃莉·莫尼耶工程师号”，GRS 小组的成员们就在这里开始他们的实验性潜水。

▲海军三级准尉莫里斯·法尔格最后一次潜水前的照片，摄于1947年9月17日。这次事故让“深水麻醉”现象得以逐步展示：“当时，CEPHISMER小组的组长埃曼纽埃尔·莫卡尔解释说，我们先把一只靴子沉到120多米深的地方，并间隔着系上一些小木板，让潜水员可以实时记录他的感受。我们发现，在90米的深度，三级准尉法尔格写道，水体环境变暗，并且开始变冷。他越是向下沉，我们就越能测量出在麻醉现象的影响下认知功能的退化程度。不幸的是，在这次潜水过程中，当他在120米深的地方签署他的最后一块木板时，意外发生了，随后救援潜水员把他打捞上岸，当时已经没有生命体征了。”

“我们的潜水材料及设备开发和试验的过程困难重重，但是，我们的水手、科学家、医生、药剂师团队在这个过程中展现的勇气和热情让我们克服了困难。在战争结束时，我们的海军展现了水下干预能力的潜力，既培养了潜水排雷人员，也培养了新生的战斗游泳员。”

——菲利普·塔耶

新兴的大众休闲方式

20 世纪 50 年代以来，随着水肺潜水装备的问世，潜水运动迅速席卷全球。这项运动成为一项休闲运动，越来越多的爱好者投身其中。潜水类俱乐部和联合会如雨后春笋般陆续成立；此外，在法国，获得潜水资格证的人数在十年内增加了 10 倍，1955 年仅有 2400 人，到 1965 年就增加到 26000 人！

作为新领域勇敢的探索者，蛙人的形象因影视作品得到广泛传播。不少在电影院上映的大型的纪录片取得了巨大的成功，同时获得了观众和评论界的认可。这些首次在不同的大洋拍摄到的彩色动物影像资料为认识海底世界提供了独特的视角。这些电影还展示了摄影师的风采，他们是资深的潜水员，被认为是现代探险的新英雄，他们的水底探险经历有的被整理成册出版，有的成为各种会议的讨论要点。

在红海[1]和亚得里亚海（Mer Adriatique）[2]，奥地利人汉斯 · 哈斯在他的探险期间拍摄了鳐鱼、鲨鱼和珊瑚礁。1951年，他的第二部纪录长片《红海探险》（法语：*Aventure en mer Rouge*）在威尼斯电影节上获奖。1956年，雅克-伊夫 · 库斯托和路易斯 · 马勒（Louis Malle）执导的《沉默的世界》（*Le Monde du Silence*）获得了戛纳电影节的金棕榈奖，第二年获得了奥斯卡最佳纪录长片奖！这位著名的少校离开了军队，踏上了“卡吕普索号”（Calypso），开启了伟大的探索之旅，库斯托随后成为水下探险最具象征意义的人物，是“潜水员中的佼佼者”，是海洋学这门学科的有力推广者和鲜活的象征。

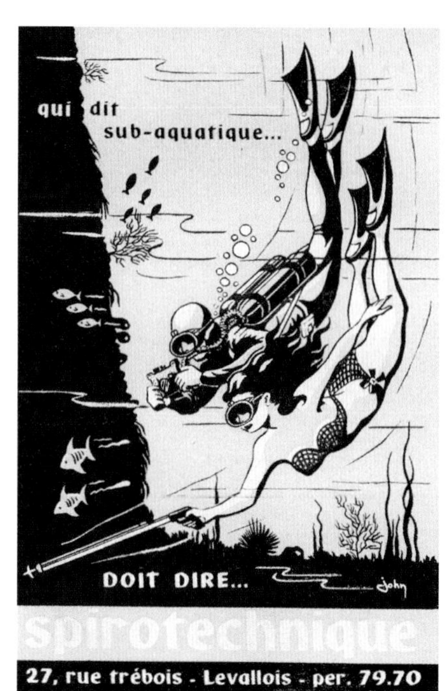

> “推动今天成千上万的人涌入大海的原因多种多样：对逃生的渴望、对沉船黄金的贪婪、对狩猎的热爱、对知识的渴望或者只是对美景的向往。但是，一旦他们进入水中，科学家、艺术家或游手好闲的人都会成为潜水员，由相同的海洋启蒙知识联系在一起。”
>
> ——雅克 - 伊夫 · 库斯托

1 红海：红海位于非洲东北部与阿拉伯半岛之间，呈现狭长型。其西北面通过苏伊士运河与地中海相连，南面通过曼德海峡与亚丁湾相连。是盐度最高的海，是世界重要的石油运输通道。

2 亚得里亚海：意大利语作 Mare Adriatico，英语作 Adriatic sea。是地中海的一个大海湾。在意大利与巴尔干半岛之间，通过南端的奥特朗托（Otranto）海峡与爱奥尼亚海（Ionian Sea）相通。

◀ “斯皮罗”技术公司（La Spirotechnique）的广告，1958年刊。该广告强调了水下休闲的可能性：男性和女性都可以使用相应的潜水服进行水下狩猎或拍摄野生动物。

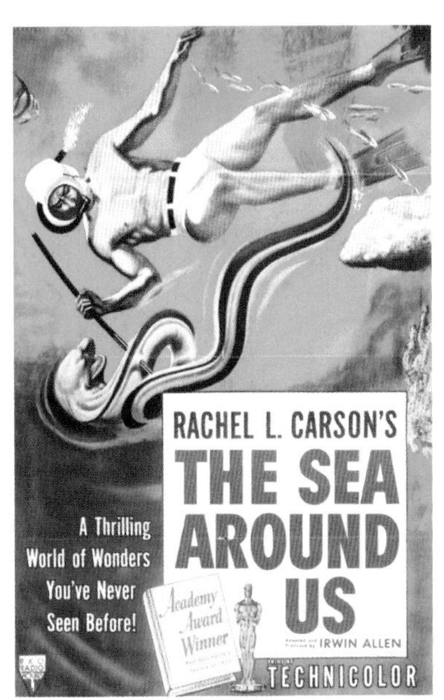

▶ 由RKO发行，伊尔温·艾伦执导的《环绕我们的海洋》（*The Sea Around Us*）在1953年获得了奥斯卡最佳纪录长片奖。这部电影改编自美国生物学家雷切尔·L·卡森（Rachel L. Carson）两年前出版的同名书籍，阐述了海洋生命的伟大。

> “一个长长的梦从海底升起，在寂静和孤独中，在难以预料的平静中，潜水员开始了内心的独白。”
>
> ——菲利普·迪奥莱（Philippe Diolé）

▶ 第一部大型彩色水下电影《红海探险》（德语：*Abenteuer Im Roten Meer*）由奥地利人汉斯·哈斯在一次大型水下探险中执导。这部电影于1951年9月在欧洲发行，比雅克－伊夫·库斯托和路易·马勒的《沉默的世界》早了五年。《红海探险》由RKO发行，随后于1952年10月在美国以《红海之下》（*Under the Red Sea*）片名发行。这部电影科幻成分多过科学研究，还利用了洛蒂·伯尔（Lottie Berl）的美貌。洛蒂·伯尔是一位经历过水肺潜水和水下摄影的年轻模特，次年，她嫁给了汉斯·哈斯，并在她丈夫的新作品中扮演了这个迷人的角色。

法国海事技术公司(Compagnie maritime d' expertises，简称COMEX)的工业潜水员在1988年的“海德拉8号”(Hydra 8) 测试活动中通过连接线连接到潜水塔。

第四章 超越极限

军事目标

整个20世纪，西方海军为满足军事需求继续开展研究计划，同时也对突破潜水的极限做出了贡献。

从20世纪10年代以来，美国海军在潜水实验单元内开展了众多实验，以解决由空气中的氮气所导致的问题：随着潜水深度的增加，氮气会变得“有毒”，从而让潜水员陷入麻醉状态。因此，人们决定尝试用惰性气体氦气来完全或部分替代氮气。氦气的密度是氮气的1/7，也能够稀释氧气。

自此之后，潜水纪录接连刷新：1930 年为水下100米深，1937 年则为126 米！尽管氦气和氧气的混合气体在深水作业中还是存在一些较大的缺陷，例如，热量的消耗带来的不适感、声音失真阻碍潜水员与陆地的交流等，但是这种方式仍迅速在美军内部得到普及，应用于水深超过60 米的军事行动中，特别是在潜水员需要进行高风险救援活动时，例如，1939 年在缅因州（Maine）海岸的美国海军“角鲨号”（USS Squalus）的救援行动。然而，氦气被视为国家战略资源，是不允许出口的，所以在很长一段时间内，只有美国、加拿大和苏联这几个国家使用这种方法。

第二次世界大战期间，欧洲开展了大量的水下军事活动，例如，清除水雷、侦察并收集情报以及进攻性突袭，通过单人或双人的鱼雷形状的潜水艇在敌人防线的一侧放置炸弹等。

在过去几十年中，循环呼吸装置实现了工业化生产，广泛应用于蛙人和潜水扫雷技术员的水下活动中：通过循环呼吸装置，呼出的气体经由碱石灰过滤，二氧化碳被吸收，气体中氧气含量高了，就能再次循环使

实验单元：在实验中控制实验对象，依据实验设计的指导完成的，是在可控条件下得到实验数据，使用实验样本最小单位。

在高压下，大量的氧气会进入血液循环系统。如果浓度过高，会造成氧气中毒，症状表现为精神错乱、视力模糊和恶心，所以需要用惰性气体来稀释氧气。

蛙人：是指担负着水下侦察、爆破和执行特殊作战任务的特种部队。

碱石灰：主要作为干燥剂，也可以用来吸收酸性气体，如二氧化碳、二氧化硫。

◀ 美国海军在潜水实验前收集氦氧混合气体，方便进行实验的分析，1938 年。

▶ 1938 年 8 月 9 日，在美国华盛顿地区，美国潜水员威廉·巴德斯（William Badders）——水下 152 米潜水纪录的保持者，正准备在华盛顿海军造船厂的船坞使用氦氧混合气体进行潜水实验。

用。这样一来，潜水员在水下呼吸的自主性提高，从而使得活动范围大大增加。相比于传统的潜水服，这套装置在使用时不会释放气泡，所以能够确保潜水员行动时保持隐蔽，不易被敌人发现。许多国家在研究自己的循环呼吸系统模型，通过不同的气体混合物实现水下循环呼吸，例如，意大利的倍耐力（Pirelli）、德国的德尔格（Draëger）、英国的戴维斯（Davis）以及美国的兰伯森（Lambertson）。

对法国而言，1940年战败[1]使得所有针对海下军事行动的研究一度停滞。直至1952年，法国才拥有了第一支蛙人部队，但它很快就配备上了新一代循环呼吸装置，均由水下试验和研究小组（GERS）的团队在土伦开发。其中有DC系列的呼吸装置［装置名称出自药剂师兼化学家迪福·卡萨纳布（DufauCasanabe）名字的首字母缩写］，该装置采用半封闭回路，使用含氧量高的混合气体，可以在水下55米的深度使用，特别适用于清除声控水雷或磁性水雷。还有 Oxygers系列的呼吸装置［名称出自氧气（oxygène）和水下试验和研究小组（GERS）的缩写］，该装置采用封闭回路，使用纯氧，使用过程中不产生气泡从而保证行动隐蔽，可供氧 3小时，在水下 7米使用。

“如果空气变得具有毒性，就需要有其他的气体来支持呼吸。这很理所当然，却又令人震惊。不呼吸空气，呼吸其他气体？当然了，我们可以呼吸别的气体。氮气会导致人体陷入麻醉状态？那我们就找一种不具有麻醉性的气体：氦气。”

——生物学家、摄影师
洛朗·巴列斯塔（Laurent Ballesta）

[1] 1940 年 6 月 22 日（第二次世界大战期间），法国签署了向德国投降书。

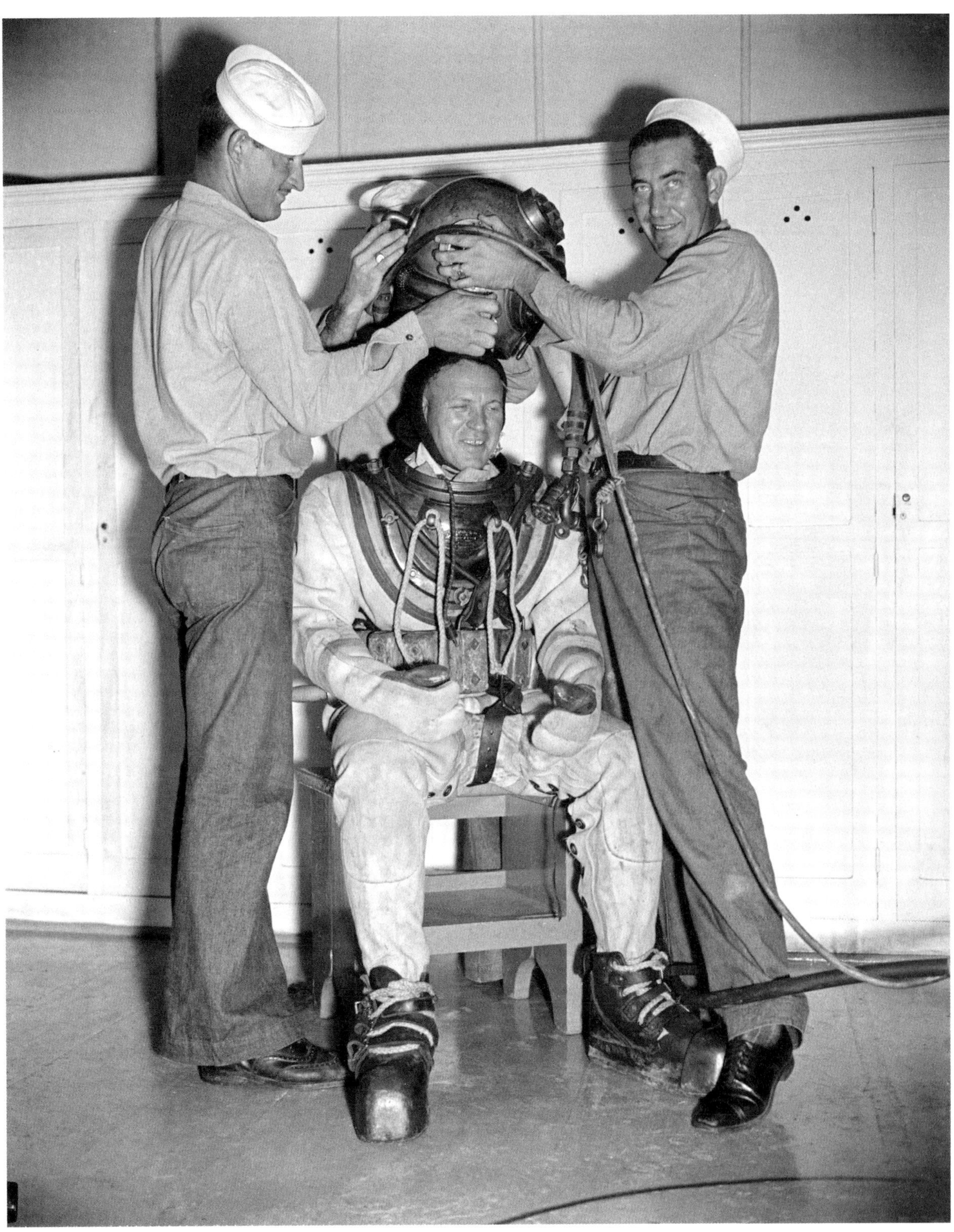

◀ 英国二战时期的蛙人，装备“斯拉登套装”（Sladen Suit）（一种覆盖除双手以外的全身的干式潜水服，由西贝·戈尔曼公司在1942年发明）和置于腹侧的“普及号”（Universal）循环呼吸器，又被称作“假肺”，原型出自戴维斯的模型。这些潜水员有着“人型鱼雷”的称号，坐在名为“战车”的双人鱼雷水下推进器上，在水下随意游走。他们以伤害大、攻击力强著称。在与意大利的一场战斗中，他们击沉了好几艘敌舰，另外，他们在1943年盟军登陆西西里岛的侦察任务中同样表现活跃；1944年10月，他们还在泰国普吉港（Phuket）摧毁了两艘日本战舰。

> “军事潜水组织的首要目标是完成军队的行动任务。我们将尝试在水下停留更长时间并保持行动的隐蔽性。”
>
> ——人类潜水小组和海洋水下干预小组（CEPHISMER）组长
> 埃曼纽埃尔·莫卡尔

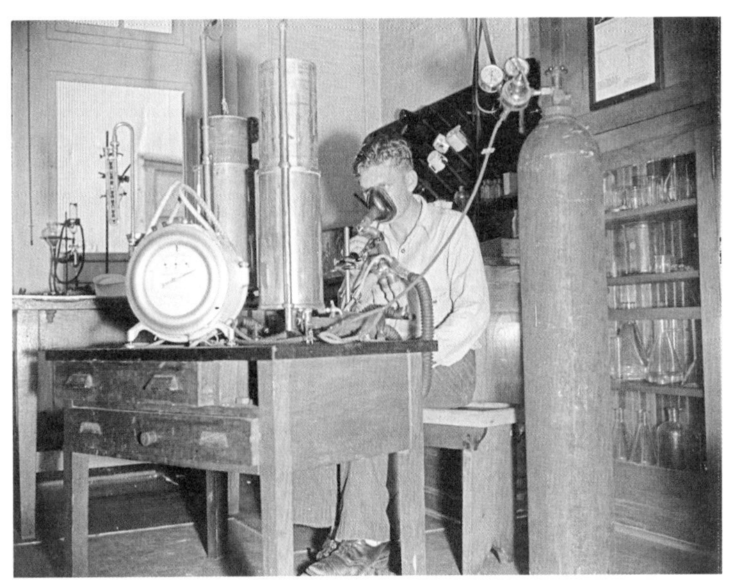

▲ 测量潜水实验后人体吸收的氮气量，1938年，美国华盛顿，华盛顿海军造船厂。

◀ DC-52型半闭路循环呼吸装置的原型，使用富氧混合气体，由水下试验和研究小组（GERS）在法国海军土伦基地发明，用于潜水扫雷技术员的水下活动。该装置之后又进行了多年的测试，以确保装置的稳定性和可靠性。DC-55系列的装置已经可以用于水下55米深度的活动中。

▶ 在美国海军战舰“沃克号”（USS Walke）的甲板上，水手们在高压舱前的摆拍。随后他们将在长岛（Long Island）海峡身着“重脚潜水服”进行一系列深海潜水试验。在1914年10月到11月间，这些试验创造了新的潜水纪录——海下83米的深度。

高压技术

军方在潜水领域进行的研究试验显然都进行了严格的医学数据监测。医生、药剂师和护士都会参与其中；他们会制定事故应急方案，以应对紧急情况。

在潜水设备中，高压舱（人工调节气体成分和气压的金属密封舱）发挥着重要作用，特别是用于解决由于潜水员浮出水面过快引发的问题：潜水员进入高压舱，先吸入舱内的惰性气体，然后高压舱以人体能够适应的速度逐渐降低舱内压力，潜水员慢慢地释放体内的惰性气体。

这些尺寸各异、可容纳单人或多人的高压舱可永久安装在基地里或直接带到船上；有一些甚至可以容纳一名经过专门培训的护理人员，以便在高压环境中进行医疗监测和技术指导。

同时，高压舱还提供最优的防护环境，以保障潜水人员在潜入深海前训练时的安全，甚至能监测潜水员在各类混合呼吸气体实验里各个阶段的生理状态。

“医疗监测是非常重要的。潜水生理学、高压生理学也随着潜水行业一起蓬勃发展起来。我相信‘潜水工程师’和‘药剂师－化学家’这一个组合在未来是必不可少的。即使在今天，我们也不曾看到过哪次的深海潜水活动是在没有足够医疗支持的情况下进行的，相反，它们都是在专业的海军高压舱护士或者潜水医生的陪同下进行。”

——人类潜水小组和海洋水下干预小组（CEPHISMER）组长埃曼纽埃尔·莫卡尔

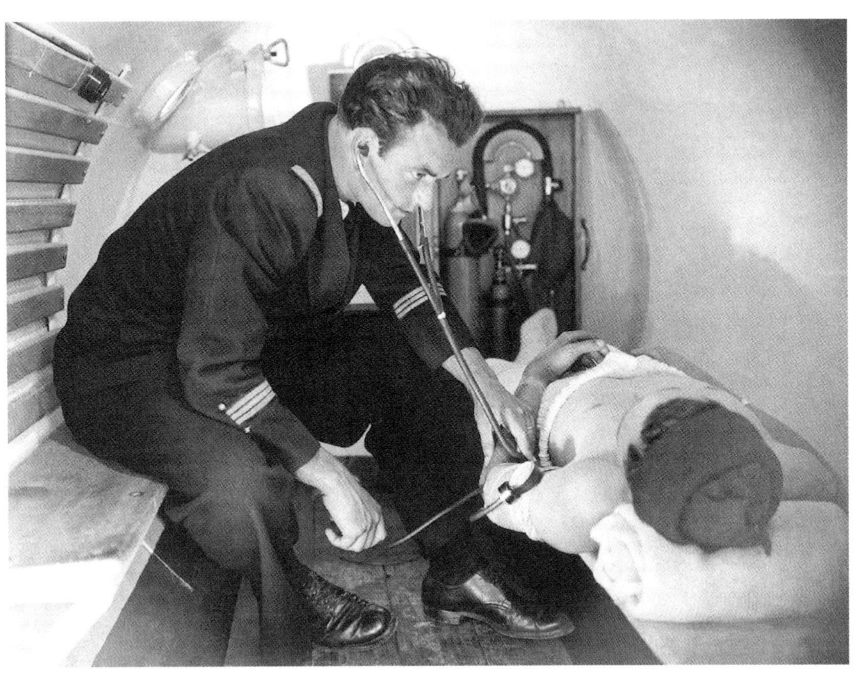

▲ 在高压舱内，特等医生F.德维拉（F. Devilla）为法国海军水下考察小组（GRS）一名受伤的潜水员测量血压。摄于1948年，土伦。

◀ 水下试验和研究小组（GRES）的新型高压舱（该小组从1950年起代替了法国海军水下考察小组GRS）。摄于1952年，法国土伦。

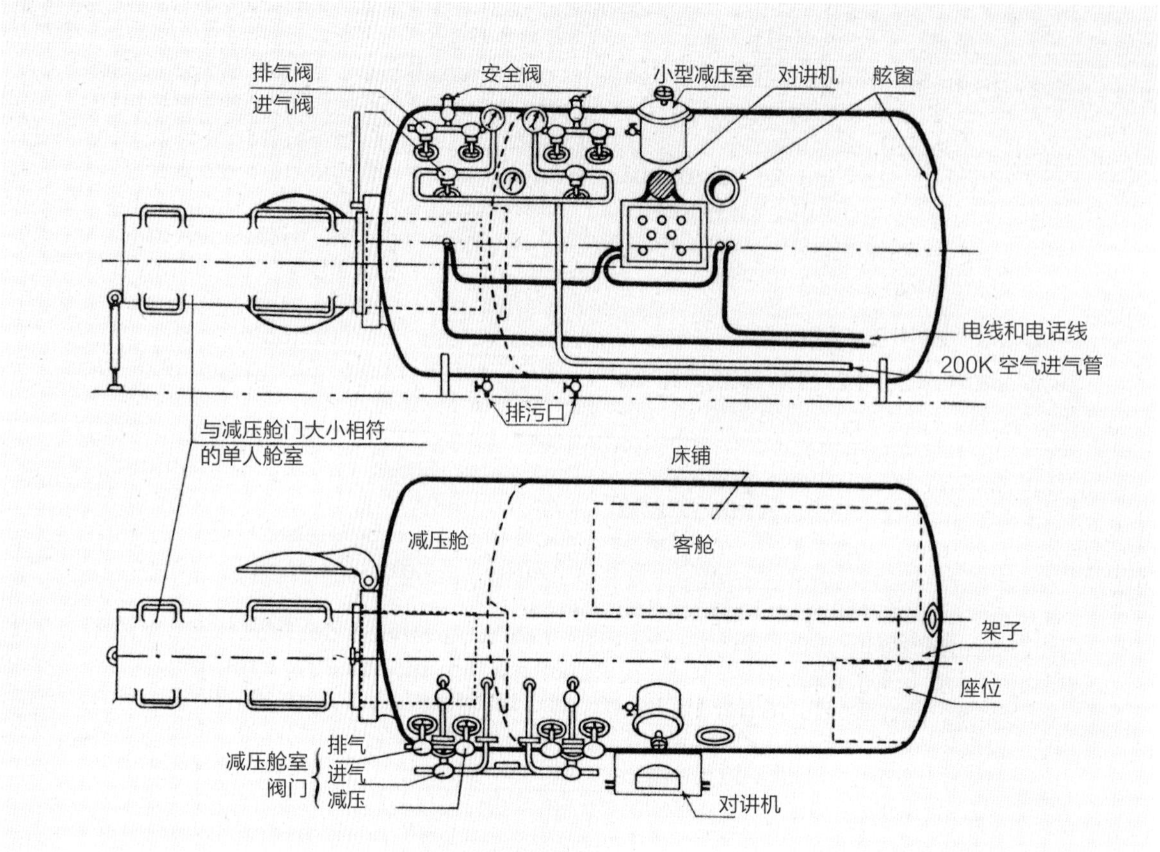

排气阀
进气阀
安全阀
小型减压室
对讲机
舷窗
电线和电话线
200K 空气进气管
排污口
与减压舱门大小相符
的单人舱室
床铺
减压舱
客舱
架子
座位
减压舱室
阀门
排气
进气
减压
对讲机

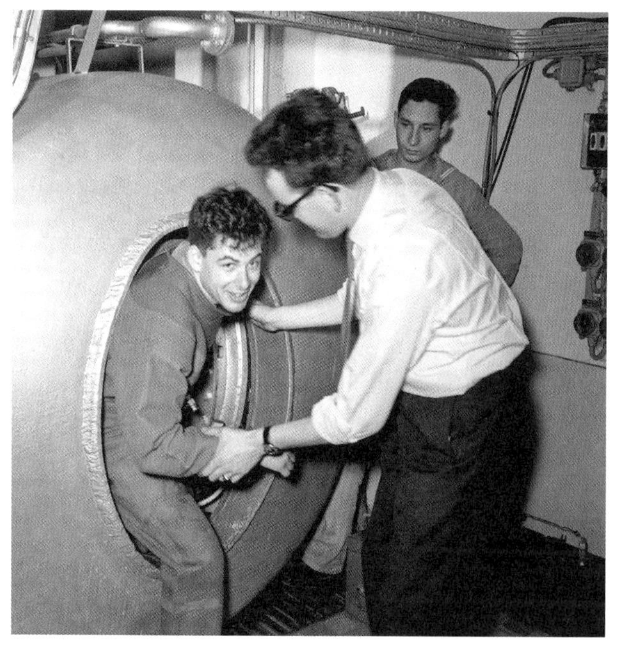

▲ 1949 年法国海军水下考察小组（GRS）使用的高压舱平面图。插图来自《穿着潜水服潜水》，作者：菲利普·塔耶（Philippe Tailliez）、弗雷德里克·杜马斯（Frédéric Dumas）、雅克－伊夫·库斯托（Jacques-Yves Cousteau）、让·阿林纳（Jean Alinat）以及 F. 德维拉医生（F. Devilla），巴黎，出版商：埃尔泽菲尔（Elzévir），1949 年。

◀ 20 世纪 60 年代，瑞士数学家汉内斯·凯勒（Hannes Keller）对混合气体进行了大量的研究，同时亲自下水进行了多次潜水实验。1961 年 4 月，他借助法国水下试验和研究小组（GERS）的复合气体高压舱创造了水下 300 米的潜水纪录。

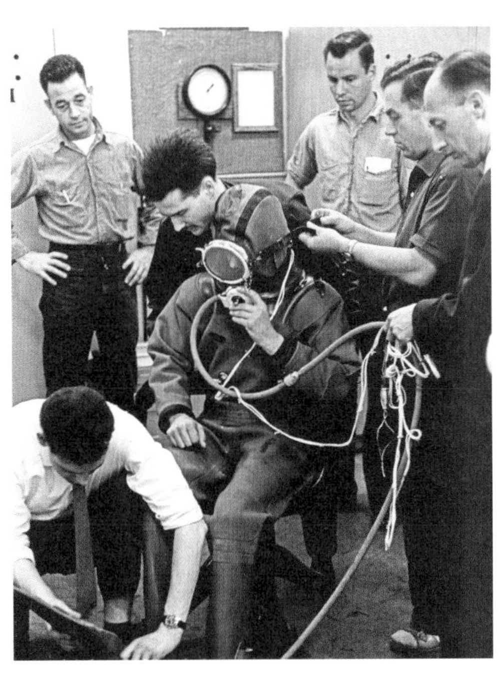

▲ 人类潜水小组和海洋水下干预小组[CEPHISMER，水下试验和研究小组（GRES）的前身]的高压舱装置全景图，位于土伦基地，2020年。

◀ 汉内斯·凯勒在美国海军武器厂的高压中心进行深海潜水。美国华盛顿，1961年5月。

水下居住舱

如果说混合气体能够让潜水员潜入更深的水域，那么接下来摆在面前的难题就是如何提高潜水效率。事实上，随着潜水深度增加，潜水员也需要将大量的时间花费在缓慢减压上。潜水几小时，实际水下工作时间只有几分钟！所以在20世纪下半叶，随着海底资源的开发，提高工作能效变得迫在眉睫。物理上的“饱和”理论为解决这一问题提供了思路：经过一段时间后，潜水员体内细胞吸入的气体处于一种“饱和”的状态；从那时起，不管潜水员在海底停留几小时还是一周，都不再需要增加减压时间。那么为何不能幻想“摆脱水面”，让潜水员在水下临时安置的“高压住所”停留休憩？如此一来，潜水员就不需要再不断浮出水面。完成工作后，潜水员只需要进行一次减压，虽然会耗时更长一些。

除此之外，还有一个重要的问题需要解决：在海底长时间的高压环境下，人体机能将会产生什么样的变化？要知道这个问题的答案，就需要进行实验。20世纪 60年代初，几场潜水试验相继开展，并请医疗队详细观察了长时间停留水下的潜水员生理和心理的反应。

1962年，专门从事航空和水下考古学的美国发明家埃德温·林克（Edwin A. Link）在美国海军的支持下发起了“海中人”（Men in the Sea）计划：在蓝色海岸（la Côte d' Azur）的滨海自由城（Villefranche-sur Mer）附近，他让比利时潜水员罗伯特·斯特尼（Robert Sténuit）进入一个充满氦气的高压舱中，下沉到60米的水深处。第二天，由于恶劣的天气，他不得不让潜水员上岸，但是实验获得了成功：斯特尼是第一个同等水深下能停留25小时的人。几天后，在马赛附近，又诞生了一个新纪录：

▶ 罗伯特·斯特尼实现的一个非常“浪漫”的愿景！来自《论坛画报》（*La Tribuna Illustrata*），1962年9月23日。

◀ 1962年9月11日，在滨海自由城，潜水员罗伯特·斯特尼在经历了36小时的减压阶段后重新浮出水面。

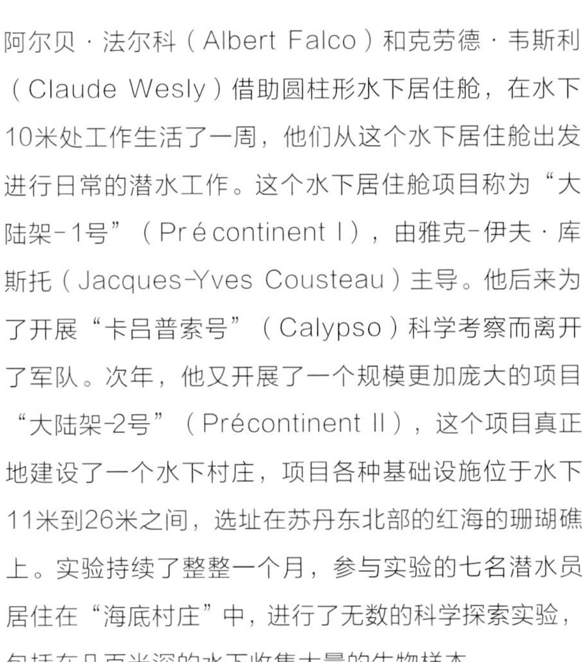

阿尔贝·法尔科（Albert Falco）和克劳德·韦斯利（Claude Wesly）借助圆柱形水下居住舱，在水下10米处工作生活了一周，他们从这个水下居住舱出发进行日常的潜水工作。这个水下居住舱项目称为“大陆架-1号”（Pré continent I），由雅克-伊夫·库斯托（Jacques-Yves Cousteau）主导。他后来为了开展“卡吕普索号”（Calypso）科学考察而离开了军队。次年，他又开展了一个规模更加庞大的项目“大陆架-2号”（Précontinent II），这个项目真正地建设了一个水下村庄，项目各种基础设施位于水下11米到26米之间，选址在苏丹东北部的红海的珊瑚礁上。实验持续了整整一个月，参与实验的七名潜水员居住在“海底村庄”中，进行了无数的科学探索实验，包括在几百米深的水下收集大量的生物样本。

两年后，“大陆架-3号”（Précontinent III）项目的主要设备，即一个直径7米的球体，被下沉到圣让卡普费拉[1]（Saint-Jean-Cap-Ferrat）水下100米深的地方。实验又持续了一个月。此次实验极其复杂且成本极高，研究“饱和潜水”理论是否适用于工业，尤其是石油行业。驾驶舱球体侧边安装了一个人造钻探头，6名经过特别培训的“海底考察员”需要每天进行组装、拆卸和维护工作。

另一边，美国海军正在加紧对水下居住舱中的“海洋实验室”（Sealab）的研究。这个项目由著名的军医、海军少校乔治·邦德（George F. Bond）负责，也是利用了“饱和潜水”的原理。在整个实验中，需要对潜水员进行医疗监测，当然，还要对新设备进行测试，模拟潜艇救援和打捞以及进行海洋研究。1964年6月，

[1] 圣让卡普费拉：位于法国东南部，阿尔卑斯滨海省。

“如果我们想把某人送到水深200米处，我们就要搞清楚他如何呼吸。对的，很少的氧气、大量的氦气就可以了！但是身体需要的减压时间就很长了。如果我们想让他在水底工作几小时，他就需要在水上水下多次往返，得花好几天。那么问题就在于，回到水面所需要的时间太长了，怎么办呢？那行，不回到水面就可以了。”

——生物学家、摄影师
洛朗·巴列斯塔

“海洋实验室”被安装在百慕大（Bermudes）水下60米深的地方。这个实验室预计能容纳4个人居住3周的时间，但由于热带风暴的影响，实验在11天后中断了。令人惊叹的是，第二年，“海洋实验室2号”就被下沉到加利福尼亚州的拉霍亚（La Jolla）水下62米深处。以15天为1个工作周期，相继派出了3支潜水队伍，总计28人。其中包括一名引人注目的特别来宾——航空员斯科特·卡彭特（Scott Carpenter）。他执行过“水星-宇宙神7号”（Mercury）任务，于1962年成为第二个绕地球轨道飞行的美国航天员。同样，他也创下了在“海洋实验室2号”生活一个月的新纪录。此后，在1969年，最后一个水下居住舱实验“海洋实验室3号”在加利福尼亚的圣克莱门特岛附近下水。该实验室位于水下190米，可持续接纳5组9人潜水员小分队。但是实验初期的一个意外让这一终极任务笼罩在悲伤的气氛下：在试图修理舱体外部的氦气泄漏时，由于呼吸装置故障，潜水员贝瑞·坎农（Berry L. Cannon）二氧化碳中毒身亡。

尽管有这样悲惨的结局，但从60年代初开始开展的大型实验，从“大陆架”实验到“海洋实验室”，无一不证明了人类可以长时间停留在深海中，同时能够高效地进行大量的活动。虽然仍需要有一个减压的阶段，让身体器官逐步适应气压下降，且这个过程时间很长，但是只需要有一次就足够。

随后，其他水下居住舱也一一出现，例如，维尔京群岛（îles Vierges）的“水力实验室”（Hydrolab）或佛罗里达（Floride）的“水瓶座”实验室（la base Aquarius），尺寸更小，入水深度约20米。它们通常永久安装在水底，因此可以为进行短期科研的海洋学家所用。

▲ "大陆架2号"待组装的基础设施构件。1963年4月，法国尼斯。

▲ 储存在尼斯仓库中的“大陆架 3 号”球体，拍摄于雅克－伊夫·库斯托的团队实验完成年。1966 年 9 月。

► “海洋实验室 1 号”装置下水。1964 年 7 月，美国海军在百慕大的阿格斯岛（Argus Island）安装该装置。

SEA LAB I

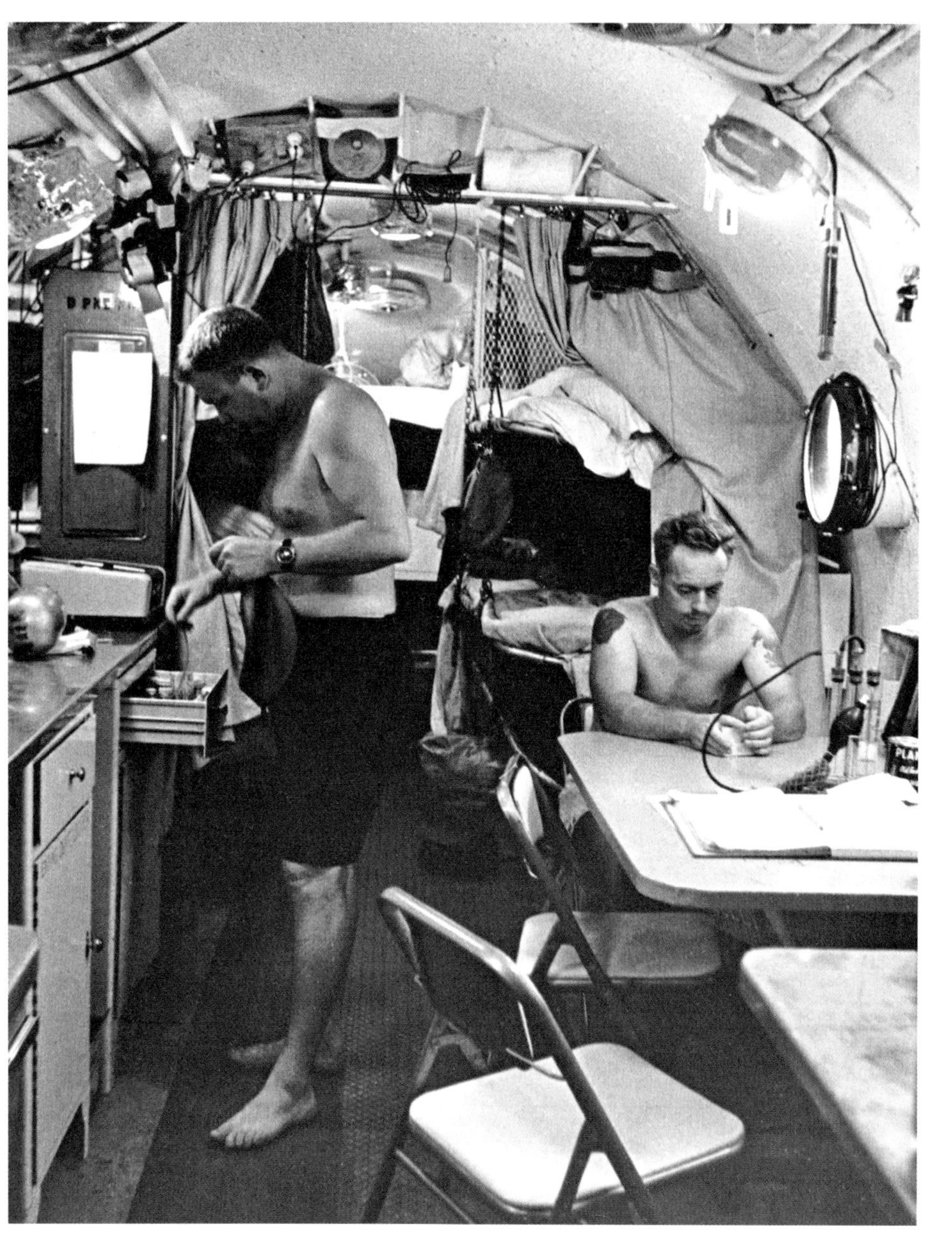

▲1964年，美国海军潜水员罗伯特·汤普森（Robert Thompson）和泰格·曼宁（Tiger Manning）在“海洋实验室”舱内。

▲ 从左到右：海军中将莱弗林·史密斯（Levering Smith）、“航空潜水员”斯科特·卡彭特和海军少校乔治·邦德——同时也是一名专门研究“气体饱和”的军医，拍摄于“海洋实验室2号”行动期间，1965年。

◀ 参与“海上实验室2号”行动的三支队伍的其中之一。组长斯科特·卡彭特，前排左数第二位。

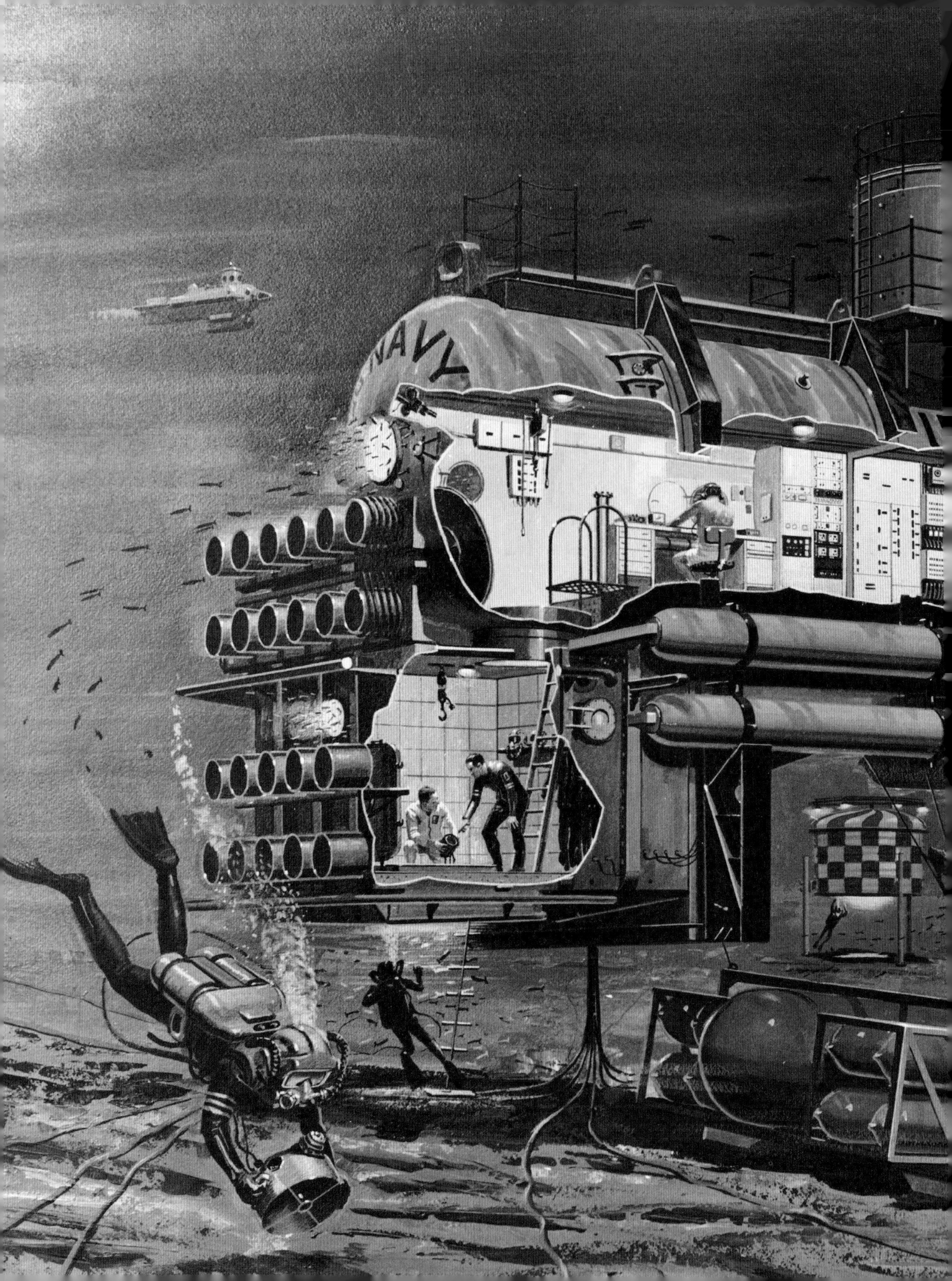
NAVY

水下居住舱“海洋实验室2号”。

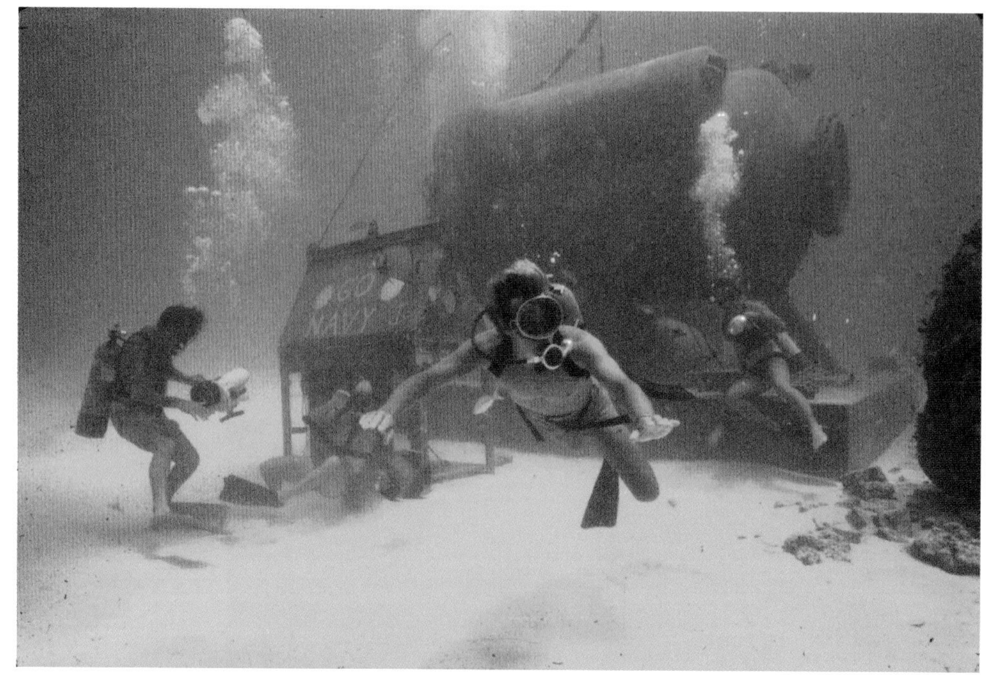

▶ “水力实验室”，位于美属维尔京群岛圣克罗伊的水下15米处。尺寸：直径2.5米，长5米。“水力实验室”在1966年至1985年间完成了180次科学任务。

◀ “玻璃陨石”（Tektite）计划中居住舱的内部。位于美属维尔京群岛圣约翰水下13米处，拍摄于1970年的夏天，在“玻璃陨石2号”的第五次任务期间。这是第一次有一支女性队伍完成水下生态系统的研究。左起第二个为西尔维娅·厄尔（Sylvia Earle），她后来成为海洋学界最伟大的人物之一。

法国海事技术公司（COMEX）的冒险

随着 20世纪下半叶海上石油开采力度的加大，深海潜水作业的需求不断增加。在巴西、非洲、墨西哥海岸附近，不断涌现新的海上开采平台、储油库和以千米为单位的水下管道建设工程。如此多的基础设施的安装、维护和调控，都需要潜水员在水下100米、200米甚至更深的海域里长时间工作来完成。

法国海事技术公司（Compagnie Maritime d' expertises，缩写为 COMEX），一家专门从事海下工程的法国工程公司，快速成为全球范围内这一新兴行业的领先者。这家公司由工程师兼潜水冒险家亨利·热尔曼·德劳兹（Henri Germain Delauze）于1961年在马赛成立。德劳兹来自普罗旺斯一个普通的葡萄种植者家庭，此前曾与雅克-伊夫·库斯托、美国海军和法国国家科学研究中心（CNRS）合作。他的主要目的是想通过重构“气体饱和”领域的最新技术，为潜水员提供比“水下居住舱”更便宜且更适合行业需求的解决方案。他在船上安装了和相应海域水压相同的高压“生活舱”，作为潜水员的“主要住所”。生活舱内配备一台升降潜水塔，通过乘搭这个设备，潜水员每天都可以在水下作业现场和生活舱之间往返。塔内能够轻松保持实时压力平衡，潜水员可以很快离开生活舱进入水中执行各种任务，呼吸气体的补给、热水御寒、电力照明以及与陆地的通信等，只需要保持由电缆、水管、气管组合的“脐带”的连接就可以实现。生活舱的优势很明显。首先是效率：不同的团队可以相继交替工作，像在陆地上实行“三班倒”一样。其次是舒适和安全：潜水员通过闸室自由出入，送餐、拿取药物或他们需要的其他物品都很方便；如果遇到问题，医生也同样可以和这些“深海工人”一起进入居住舱，提供医疗救助。最后是灵活性：一旦工作完成，居住舱在潜水员进行“减压”（这可能会持续数周）的同时可以返回港口或驶往下一个站点。

亨利·热尔曼·德劳兹还决定为法国海事技术公司提供陆上基础设施，方便团队的培训以及颇具野心的研究计划的开展。第一个站点名为“P120”，于1964年在马赛创建，而在1968年，另外一个更高效的新站点取而代之，它配备了最先进的高压系统，以及一个 25米长、10米深的测试池。在泽维尔·弗鲁克图斯（Xavier Fructus）博士（之前参与过库斯托的“大陆架”项目）的科学指导下，多项研究得到开展，主要是记录测试潜水员在极端深海环境下的生理反应，并分析身体机能对不同混合气体的耐受性。除此之外，

还有用于监测运动机能下降的定期的心理和压力测试，以及用于测试智力情况的认知测试。这项实验首次提出了“神经高压综合征”（SNHP）这个概念：从水下 300米开始，氦气对于人体也会产生毒性并导致神经系统紊乱，这个危害是可逆的，但不利于当时水下工作的进行。接下来，新的测试实验使用了一定比例的氮气或氢气，让人类能够进入更深的海底。多年来，已经有高达2,500多次人体潜水实验在高压环境和海洋环境中完成。

潜水纪录接连被打破：1968年，亨利·热尔曼·德劳兹和美国研究员拉尔夫·布劳尔（Ralph Brauer）是第一批通过平衡高压舱到达335米深度的人。1970年，在阿雅克肖湾（le golfe d' Ajaccio），三名潜水员到达水底250米的深度，在水下居住舱的辅助下，进行了为期2周的潜水工作，每天的连续潜水时间长达 4小时。1977年，在卡瓦莱尔（Cavalaire）[1]附近，6名男子到达水下500米，这是历史性的时刻！他们轮流在一个人造的场地上进行火炬切割、焊接和连接管道的操作。几年后，“海德拉号”系列的测试活动使用氧-氦-氢混合物创下了纪录：1988年潜入水下534米，1992年使用高压舱到达水下701米，这两项纪录仍保留至今，无人能及。

1 卡瓦莱尔：法国普罗旺斯－阿尔卑斯－蓝色海岸大区瓦尔省的一个市镇。

◀ 法国和德国潜水设备展览，其设备用于20世纪下半叶水下工业作业。来自法国阿韦龙省（Averyron）埃斯帕利翁（Espalion）的潜水博物馆。

▶ 法国海事技术公司潜水员。

▼ 法国海事技术公司创始人亨利·热尔曼·德劳兹。

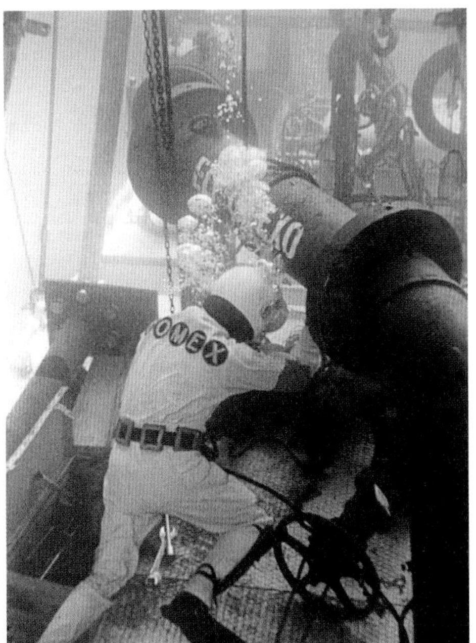

“我的祖父是一名工程师，且热爱潜水。正是这两者的结合诞生了法国海事技术公司。”

——法国海事技术公司首席执行官亚历山德拉·奥本海姆-德劳兹（Alexandra Oppenheim-Delauze），也是一名潜水员

▲ 法国海事技术公司的模型形象再现了安装在甲板上的生活室。从右到左：1) 气闸，能够让潜水员补充物资，例如，餐具、床单、药品或报纸；2）“干”隔间，用于住宿和吃饭；3）“湿”隔间，通往升降潜水塔、淋浴室和卫生间之间的通道；4）预留给升降潜水塔的移动空间，潜水塔连接着“湿”隔间和海洋；5）潜水塔。

◀ 从20世纪70年代开始，法国海事技术公司建立了一支名副其实的后勤船队，用于解决境外海上石油站点的物流问题。1983年产自拉塞恩（La Seyne-sur-Mer）造船厂的“海通号”（Seacom），是当时世界上最先进的物流船。它长101米，有两个潜水塔、一个可容纳16名潜水员的高压生活舱装置，甚至还有一个直升机停机坪。

“我们是海洋工人，也就是说，我们的工作是在水底负责管道连接、切割、焊接、固定螺栓、混凝土浇筑。在海底的时间过得很快，因为我们忙于工作，往往会忽略时间的流逝。而在高压舱中，我们休息时间长了，反而会有些无聊……”

——国家专业潜水学院（INPP）负责人
潜水员泰奥·马夫罗斯托莫斯
（Théo Mavrostomos）

▲ 法国海事技术公司饱和潜水装置，安装在货船（自动驳船）上，用于由道达尔（Total）出资的项目。

◀ 法国海事技术公司的潜水塔，可容纳 3 人的团队。外层是混合气体瓶，如果出现事故，可以保障潜水员 72 小时的自主呼吸。

▲ 法国海事技术公司位于马赛的高压实验中心（CEH）。右侧和后端：舱室和高压球。中央：带有电子监控和音频通信的控制台。电子解码器可以转换潜水员的声音，减少氦气影响，便于理解。

◀ 法国海事技术公司的"水圈（Hydrosphère），由一个直径5米的球形高压舱组成，圆球的下部装满了淡水，为实验提供模拟环境。这套装置连接到一个救生室，可容纳8名潜水员。从1969年到1990年，潜水员在"水圈"中进行水下焊接训练，并通过在水下重组一个三维拼图来测试心理技术能力。

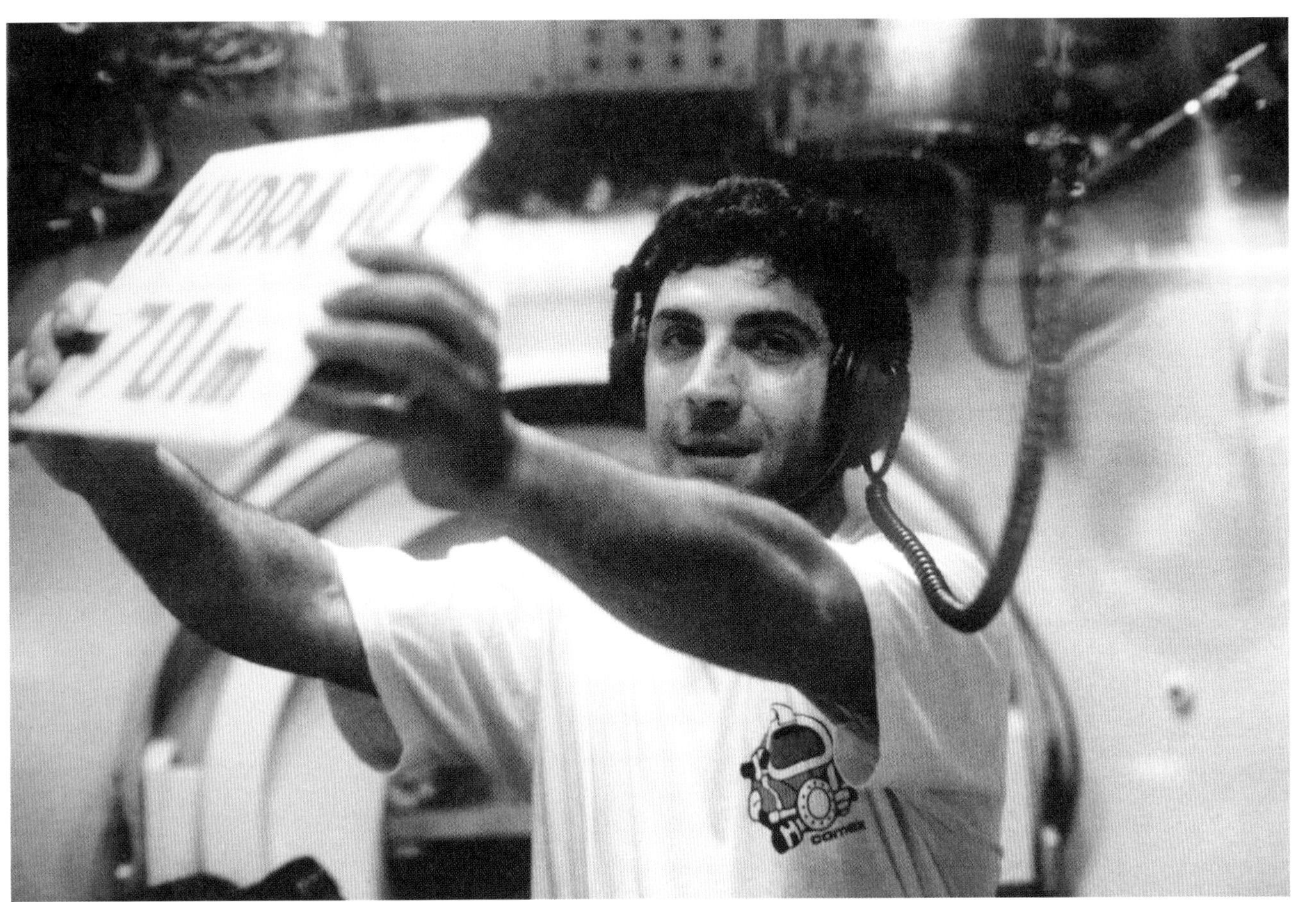

▲ 在“海德拉 10 号”测试期间，法国海事技术公司的高压实验中心的潜水员泰奥·马夫罗斯托莫斯于 1992 年创造了 701 米深潜的绝对纪录。实验持续了 43 天，其中 23 天的时间专门用于身体机能的减压。

▶ 1979 年，海洋学家西尔维娅·厄尔穿着“吉姆”刚性潜水服创造了水下 381 米潜水深度的纪录。

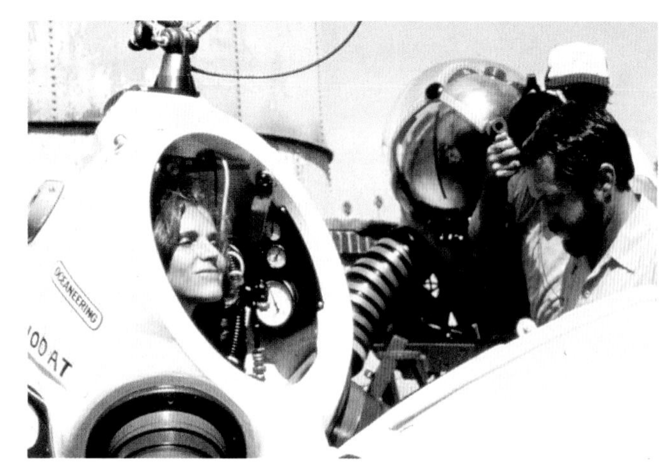

▼ “吉姆”刚性潜水服的模型，它的名字是为了纪念吉姆·贾勒特（Jim Jarrett）。吉姆·贾勒特因 1935 年穿着刚性潜水服探索“卢西塔尼亚号”（Lusitania）沉船[1]而闻名。

现代潜水训练服

20世纪末，“潜水饱和技术”改变了工业潜水作业方式，新一代刚性潜水服（内部气压恒定）与“吉姆”服（Jim）、“纽特”服（Newtsuit）系列及其他衍生品一起面世了。刚性潜水服的重量不变（仍维持几百千克的重量），但性能有了很大的提高。如今刚性潜水服可以应用于300米的深海作业，甚至还创造过多项纪录。例如，在 2006年，一名美国海军潜水员潜入加利福尼亚海岸600米的深海中，完全自主地在水下活动了48小时，双手可以灵活地活动！因此，从 20 世纪70年代中期开始，一些钻井平台相继使用这些潜水服，随后海军的海难救援中也开始使用。尽管它们仅应用于个别案例中，但它们仍然是唯一能让人体验潜水活动，而完全不受压力影响，且无须呼吸混合气体或进行缓慢减压过程的工具。

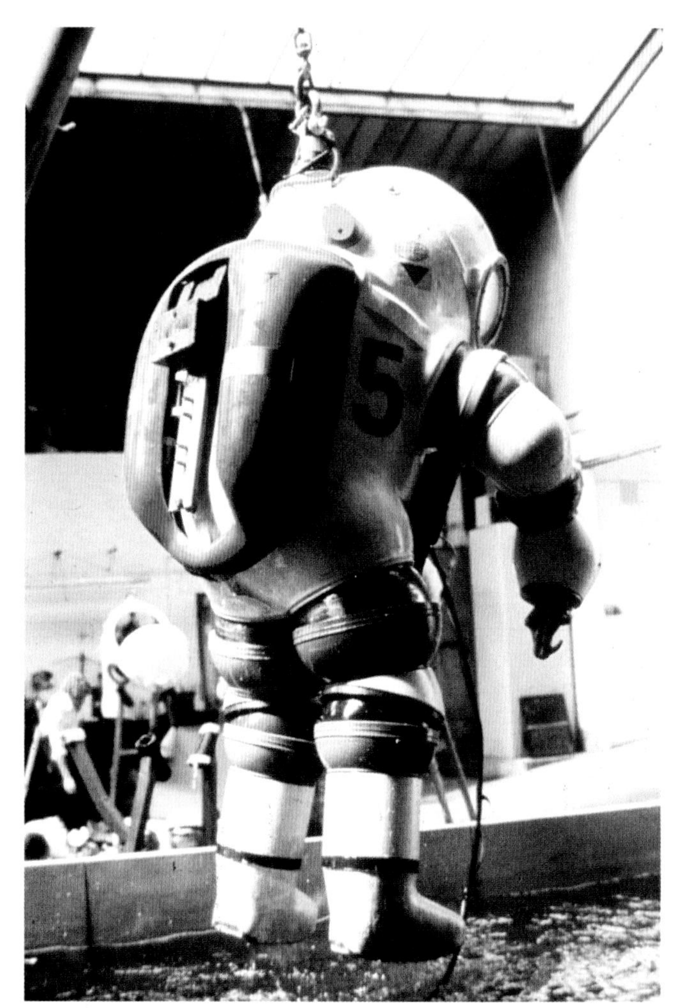

1 “卢西塔尼亚号”事件：第一次世界大战期间德国潜艇击沉英国邮轮的事件，发生于 1915 年 5 月。

▲ 美国海军使用的"纽特"刚性潜水服模型，2006年。

从海洋到月球

1961年4月12日，俄罗斯航天员尤里·加加林（Youri Gagarine）成为第一个进入太空的人，他乘坐“东方1号”宇宙飞船绕地球一周，历时1小时48分钟。美国人艾伦·谢泼德（Alain Shepard）和斯科特·卡彭特在一个月后的“水星-宇宙神7号”中也同样实现了绕地球一周环行。与此同时，在地球上，建立水下居住舱的重要计划也在同步进行着，从“大陆架”到“海洋实验室”，无不是在为人类开辟通往深海的道路。从深渊到太空，儒勒·凡尔纳的天马行空的想法似乎正在实现。对这两个未知世界的探索引起了所有人的关注，而美国海军大力宣传斯科特·卡彭特参与的“海洋实验室2号”，恰好凸显了这两种极端环境给人类带来的技术和人体的挑战有着惊人的相似之处：如何呼吸，如何活动，如何抵抗压力、寒冷和类似集体幽禁的痛苦……在接下来的许多年中，在水下环境中模拟完成未来太空任务所必需的动作，成为航天员教育和培训的基本要素。航天员需要提高对各种设备的认知，熟悉操作系统和安全规定，并进行基本训练，如模拟太空舱外活动（简称 EVA）训练、在“失重状态”反复重复小细节以及进行地质样本的收集、机器人设备的驾驶和救援行动。

许多上述的训练都是在水池中进行的。在得克萨斯州的林登·约翰逊航天中心内，美国航空航天局（NASA）于 1995年建设了一个长 61米、宽 31米、深 12米的游泳池，模仿国际空间站（ISS）美国部分的建设。欧洲航天局（ESA）在科隆（Cologne）建设的游泳池比较小（长 18米，宽 12米，深 10米），但也容纳了各种等比例模型：“联盟号”（Soyouz）宇宙飞船、国际空间站的哥伦布实验室（laboratoire Colombus）、“和平号”（station Mir）站的减压室、为国际空间站服务的欧洲自动转运车辆（ATV）①。在莫斯科东北部，星城的尤里-加加林航天员训练中心有一个圆形游泳池（直径 24米，深 12米），和北京航天员研究训练中心的泳池（直径 23米，深 10米）差不多。

① 欧洲自动转运车：或 ATV，是欧洲航天局开发的一种太空货船，用于为国际空间站（ISS）供电。

自21世纪初以来，美国航空航天局通过 NEEMO计划（NASA Extreme Environment Mission Operations，NASA极端环境任务）发起了一系列海洋环境训练。在佛罗里达海岸的“水瓶座”基地（Aquarius）内部，航天员候选人需要在海下19米的极端环境中长时间停留。在这个基地中，候选人每天都会模拟“太空行走”。他们穿着不同重量的潜水服，以适应不同的重力环境。在参与科学研究的同时，他们也需要提高探索和收集样本的能力。

▲ 航天员在美国航空航天局林登·约翰逊航天中心内的游泳池，也被称为“中性浮力实验室”①（简称 NBL）。摄于美国得克萨斯州，休斯顿，2000年。

① 中性浮力：在水中，当潜水员所受到的重力与水的浮力相等时，就会达到中性浮力状态。

◀ NEEMO 16 计划小组的成员在“水星座”水下居住舱前工作。美国佛罗里达州，基拉戈（Key Largo），2012 年。

◀ 美国航空航天局的航天员在 NEEMO 16 计划期间进行模拟太空舱外操作。美国，佛罗里达州，基拉戈，2012 年。

◀ 由法国海事技术公司设计的“甘道尔菲”（Gandolfi）套装，由碳纤维和玻璃纤维制成，可以让航天员在训练期间模拟在外星土壤上运动和移动。同样，它也适用于水下作业，让使用者处于中性浮力状态，从而再现了航天服的灵活性和轻巧性。

从20世纪80年代末开始，法国海事技术公司重新关注与航天探索相关的问题，与此同时增加与法国国家航天研究中心（CNES）和欧洲航天局（ESA）的合作。从2019年开始，法国参加了针对未来月球“门户”（Gateway）空间站的航天员培训。此外，法国在马赛训练基地的泳池中进行了一些测试，用于开发未来空间站的“精神”（Esprit）模块，这个模块将用于地球和月球之间的燃料储备和通信中继。

“正是在 12 月 9 日至 10 日晚上，‘鹦鹉螺号’遇到了一大群喜欢夜出的软体动物，估计有数百万条。”出自儒勒·凡尔纳的《海底两万里》，1871 年。

第五章 潜水艇

“鹦鹉螺”

纵观历史，许多潜水艇都是以“鹦鹉螺”的名字命名的。鹦鹉螺是一种头足类软体动物，名称源自希腊语，意思是“舰艇”。鹦鹉螺能通过调整其螺旋型壳内各个腔室的含水量垂直移动，令人叹为观止！潜水艇的压载水舱[1]正是根据这一原理设计的，通过调节压载水舱的水位来改变船只的沉浮：想要下潜时，可以在舱内注满水；想要上浮时，则可以往舱内注入压缩空气，排出水舱内的水。

早在 19世纪末，儒勒·凡尔纳就在《海底两万里》中预测这些潜水艇将成为海洋探索的强大工具[2]。有了它们，科学家们可以呼吸到标准大气压的空气，同时，可以像尼莫船长和阿罗纳克斯教授一样，在海面和海底自由行动，观察海底栖息地里的动植物。然而，在那个时代，潜水艇几乎只用于战争……

[1] 压载水舱：船舶的压载水舱是放置压载水的船舱，用于调整船舶的重心位置、浮态和稳性。可解决船舶在航行过程中因油水消耗、重心升高而导致的稳性不足或吃水不适当的问题。所谓“压载”是指用于增加稳定性的重物。装载压载水的船舱就是压载水舱。在潜艇或车客渡船中，压载水舱还可起调节平衡的作用。

[2] 鹦鹉螺号（Nautilus）：法国作家儒勒·凡尔纳小说中的一艘潜水艇，在《海底两万里》和《神秘岛》（*L’Île mystérieuse*）中出现。

首批潜水艇原型

起初，潜水艇的下潜深度仅有几米，由人力驱动，能悄无声息地接近敌方海面上的舰艇并放置炸药。

第一艘参加战争的潜水艇是大卫·布什内尔（David Bushnell）的“海龟号”（Turtle），不过，这场战争最后没有胜利。1776年美国独立战争期间，“海龟号”参与突破英国舰队对纽约的封锁战争。这艘潜水艇类似于一个用焦油覆盖并用钢框架加固的木桶，长2.30米，宽1.80米。它只可以容纳一名船员，桶内储备的空气只能供船员半小时的呼吸。驾驶这艘潜水艇的船员必须手脚并用，就像长了三头六臂，一边驱动螺旋桨前进，一边掌控方向舵，还要不停地抽水来调整潜水深度，最后还要潜入敌军舰艇的曲轴处固定炸药！

18世纪末，美国工程师罗伯特·富尔顿（Robert Fulton）设计了一艘潜水艇，并向当时正与英国交战的法国政府推荐了他的设计。这艘潜水艇被命名为“鹦鹉螺号”，也是第一艘以这个名字命名的潜水艇！“鹦鹉螺号”的木制船体长6.50米，配有一个铜制的圆顶，顶部开了一个观察用的舷窗。与“海龟号”相比，“鹦鹉螺号”可以同时容纳3名船员，并有几项特别的创新设计：传动脚踏板给予螺旋桨驱动力；空气压缩罐和二氧化碳吸收器为船员的呼吸提供保证，赋予船员在潜水期间很大的自主权；风帆和移动式桅杆方便潜水

> “在海洋里，我们总是希望把自己隐藏起来。于是我们发明了潜水艇，就是为了能够悄无声息地接近敌人。”
>
> ——前核潜艇和攻击型潜艇舰队队长、海军中将让·马里翁（Jehan Marion）

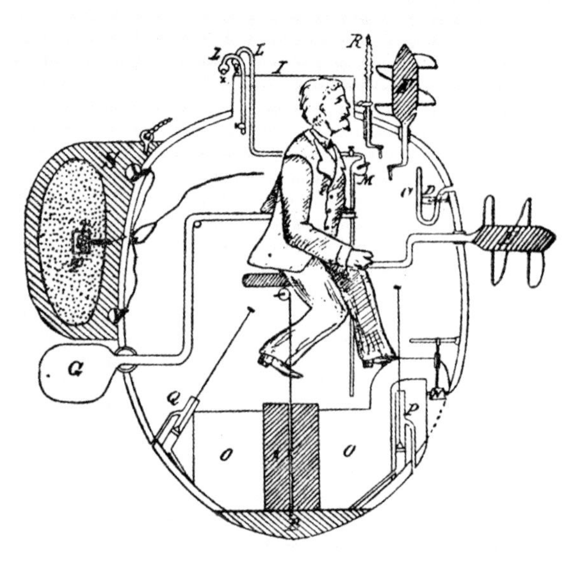

艇在水面行驶时部署风帆。在此之前，其他潜水艇的炸药都是固定在艇上的，而“鹦鹉螺号”采用的是牵引拖挂式的炸药。“鹦鹉螺号”曾在鲁昂（Rouan）和布雷斯特（Brest）进行技术测试，结果证明这种方式是可行的。但是，当富尔顿试图通过与英国船只交战来测试潜艇的战斗力时，英国军队却提前收到了间谍的通风报信，并轻易地躲开了这艘潜艇的攻击。法国军方由此否定了这艘潜水艇，最终决定不予以采用，同时还宣称这项设计不道德。富尔顿随后决定前往英国，计划将他的“鹦鹉螺号”献给英国皇家海军，但他再次遭到了拒绝。

半个世纪后，在美国南北战争期间，南方邦联使用了另一艘名为“汉利号”（CSS H. L. Hunley）的人力潜艇。“汉利号”潜艇由金属板制成，长10.60米，宽1米，重8吨，它的螺旋桨的驱动曲柄需要八个人操作；此外，潜艇前端有一个固定的尖刺，里面藏着一个水雷。1864年2月17日，在南卡罗来纳州（Caroline）查尔斯顿（Charleston）附近，“汉利号”成功击沉美国海军战列舰“豪萨通尼克号”（USS Housatonic），创造了历史，由此成为第一艘成功击沉水面舰艇的潜艇！不过，它也因爆炸造成的冲击波而沉没。

19世纪下半叶，潜艇技术得到飞速发展。诸多潜艇的原型层出不穷，它们的发明者都以自己的方式试图应对潜水航行所带来的挑战。

法国医生、发明家普罗斯帕-安托万·佩耶纳（Prosper-Antoine Payerne）设计了一艘椭圆形的“贝勒多纳号”（Belledonne）[也称为“伊德罗斯塔号”（Hydrostat）]潜艇，该装置长9米，重10吨。他将其分成两个功能不同且密封的舱室，第1个舱室容纳船员，第2个舱室用于储存大量的压缩空气。两个舱室之间的气体通过一组泵实现循环，空气经过钾盐和生石灰的混合溶液过滤后可以循环利用。这个史无前例的循环系统使得在水下自主潜水数小时成为可能。1846年，佩耶纳乘坐着他的潜艇在巴黎市中心的塞纳河段潜入水中3个多小时，让河边许多驻足观看的人惊叹不已。

基于第一次的成功试验，“贝勒多纳2号”项目也于

◀ 大卫·布什内尔的“海龟号”，于1775年下水。插图来自《潜艇及其在鱼雷行动中的应用讲座》，1875年（*Lecture on Submarine Boats and their Application to Torpedo Operations*, de Francis Morgan Barber, Newport, Rhode Island, US Torpedo Station, 1875）。

- I 潜艇入口
- O 压载水舱
- N 进水阀
- P，Q 水泵，用于将水从水箱中排出
- E 螺旋桨水平牵引把手，用于前进
- F 螺旋桨垂直牵引把手，用于调整潜水深度
- G 方向舵
- C，D 水位气压计，用于指示下沉程度
- L，L 用于排气的管道
- M 风扇
- S 鱼雷
- T 计时发条，用于爆破鱼雷
- R 螺钉，用于把鱼雷固定在敌方船底
- B 安全压载

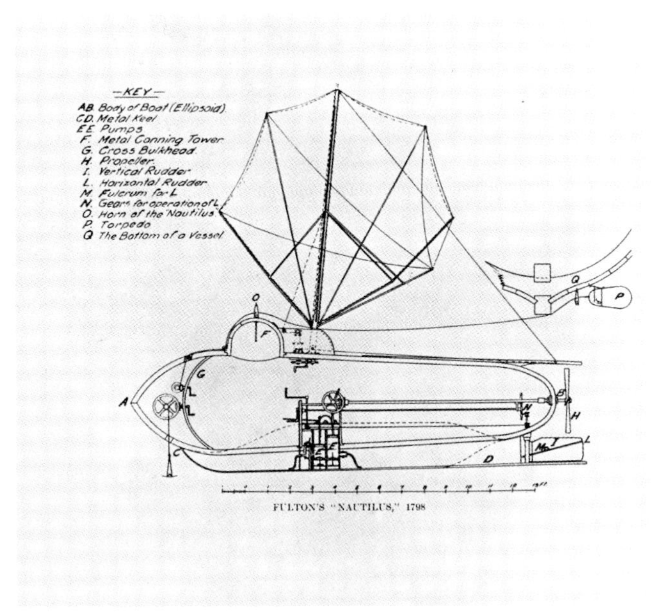

▲ 罗伯特·富尔顿（Robert Fulton）的“鹦鹉螺号”的纵剖图，这艘潜水艇于1798年下水。此图为19世纪的插图，根据国家档案馆保存的原始图纸绘制。

1852年启动。“贝勒多纳2号”在体型上更为庞大，长度达到15米，可以容纳十几个人。另外，“贝勒多纳2号”不再需要手动推进，而是由蒸汽机驱动螺旋桨，操作更简单，但是移动速度缓慢。佩耶纳医生的这些潜水艇主要用于参与水下施工项目，例如，在布雷斯特、费康（Fécamp）或瑟堡港口的开发工作，在这些项目里面，这些潜水器更好地代替了以前的潜水钟。

除此之外，法国、英国和美国也相继成立了好几个重要的项目。这些项目探究新的驱动模式的可能，或开发新的潜艇设备。由布尔戈瓦（Bourgois）少校和工程师夏尔·布兰（Charles Brun）设计的“潜水员号”（Le Plongeur）潜艇于1863年下水，配备了压缩空气发动机。1879年，英国牧师乔治·威廉·加勒特（George William Garrett）选择使用蒸汽驱动，并为他的“复活号”（Resurgam）潜艇配备了鱼雷发射器！1888年，一个决定性的阶段到来了：古斯塔夫·泽德（Gustave Zédé）和亨利·迪皮伊·德·洛梅（Henri Dupuy de Lôme）的“电鳗号”（Gymnote）潜艇成了潜艇史上众多领域的先驱，它长近18米，重达30吨，可以同时容纳7名船员在水下自主潜水四个半小时。“电鳗号”使用52马力的电动机进行驱动，由电池供电，同时配备了历史上第一个可操作的潜望镜，也是第一艘能够在恒定深度航行的潜艇。十年后的1899年，马克西姆·洛伯夫（Maxime Laubeuf）的“独角鲸号”（Narval）潜艇是第一个采用混合推进系统的潜艇：它在水面航行时通过蒸汽驱动，水下潜行时则通过电力驱动。

霍华德·劳森·汉利（Howard Lawson Hunley）的“汉利号”，于1863年下水。雕刻画，根据收藏于美国弗吉尼亚州里士满的邦联博物馆的康拉德·怀斯·查普曼（Conrad Wise Chapman）的画作创作而来（Gravure d’après le tableau de Conrad Wise Chapman conservé au Museum of the Confederacy, Richmond, Virginie, États-Unis）。

1888年11月，古斯塔夫·泽德和亨利·迪皮伊·德·洛梅的“电鳗号”潜艇下水。

▶ 经过多年的设计，爱尔兰发明家约翰·菲利普·霍兰（John Philip Holland，1841—1914）于1900年成功地将历史上第一艘潜艇卖给了美国海军。"霍兰SS-1号"（USS Holland SS-1）长16米，配备鱼雷发射器，由混合动力推进，在海面航行时使用内燃机，在深海中使用电动机。

潜艇战

20世纪上半叶，一些大国装备了真正的军用潜艇舰队。第一次世界大战期间，英国拥有73艘潜艇，领先于法国、美国、德国、意大利和日本。

潜艇最初仅用于保护海岸线，之后适用的范围逐步扩大。特别是在德国，潜艇的产量急剧上升。后来，德国决定将"U-345"型潜艇（Unterseeboote）作为主要的海军作战武器，在战争期间使用。

这些潜艇全部采用混合推进动力系统：潜水时由蓄电池为电动机供电，同时需要定期浮出海面为蓄电池充电；在海面航行时则利用柴油发动机发电，因为柴油发动机须有氧气才能工作。在大西洋和地中海，相当大的一部分潜艇都是U型潜艇。因此，德军得以开展"全面"战争，他们在水下使用鱼雷发射器，在海面上则使用甲板炮，无差别地攻击民用船只和军用船只。这样做的后果是，超过5000艘盟军船只被击沉。1915年5月7日，英国跨大西洋载客邮轮"卢西塔尼亚号"（Lusitania）在爱尔兰被德军击沉，1200人因此遇难。

第二次世界大战前夕，苏联拥有150艘潜艇，是规模最大的潜艇部队。意大利、美国和法国紧随其后，德国仅排在第七位。但德国U型潜艇舰队的指挥官，海军元帅卡尔·邓尼茨（Karl Dönitz）在1939年至1945年间下令建造了1162艘潜艇！

这种数量优势使德国海军能够在大西洋海战中进行"群攻"（Gruppentaktik，小组集结战术），以便更好地包抄盟军护航舰队。1942年，他还建立了"汽油奶牛"舰队，即用于在海上给U型潜艇舰队提供燃料补给的燃油潜艇。潜艇内的生活条件非常艰苦，由于空间狭窄，工作人员没有任何隐私可言，只能在潮湿、闷热、充满汽油蒸气的环境中工作。

“是什么东西造就了军用潜艇？是鱼雷。此前，一艘很小的船是无法与一艘大船抗衡的。鱼雷是一种可以远距离发射的武器，具有极大的破坏力。也正因如此，从‘独角鲸’号到第二次世界大战，各国研发了许多的潜艇。”

——前核潜艇和攻击型潜艇舰队队长
海军中将让·马里翁

可是，危险是长期存在的：U型潜艇需要逃离盟军舰船和飞机的大炮、深水炸弹、水雷网；近来声呐和雷达的发明让敌人能轻易发现 U型潜艇的踪迹；由于需要使用柴油发动机，潜艇需要定期浮出水面，这也就更加容易暴露自己的位置。为了解决这个问题，自1943年起，通气管得到了普遍应用：这根管子露出水面，确保了潜艇内部空气供应和废气的排出，同时使潜艇能在浅表水下边给电池充电边前进，不必浮出水面。

战争结束时，海战伤亡惨重：U型潜艇舰队成功击沉了2500艘盟军船只，但70%以上的U型潜艇舰队自此消失……在太平洋海战中，美国潜艇也表现出了可怕的破坏力：美国海军参与战斗的288艘舰艇，将日本201艘军舰和1113艘商船击沉海底。

▼ 操作机载潜望镜的英国皇家海军潜艇艇长。1937 年。

“德国潜艇兵是具有非凡勇气，甚至可以说有些鲁莽的优秀战士。他们的战斗损失惨烈！战争接近尾声时，一艘潜艇能完成两次巡逻都算是幸运的！”

——前核潜艇和攻击型潜艇舰队队长
海军中将让·马里翁

▲ 1911年，美国海军潜艇在纽约港排队接受海军检阅。
从左到右：美国船舰“鲑鱼号”（USS Salmon (SS–19)）、“格雷林号”(USS Grayling (SS–18))、“海鲢号”(USS Tarpon (SS–14))、“章鱼号”（USS Octopus (SS–9)）和“博尼塔号”（USS Bonita (SS–15)）。

Adolf Bock.
1943.

U 型潜艇在波涛汹涌的海面上航行。阿道夫·博克（Adolf Bock）绘，1943 年。

核动力潜艇

20世纪下半叶，新型核能动力给潜艇带来了一场革命。原子裂变产生的能量加热水回路会产生水蒸气，水蒸气受冷后能驱动涡轮机，提供推进力，也能提供电力、淡水和氧气。核动力大幅度地提高了潜水自主性，潜水艇从此摆脱与地面的联系，可以在水下待好几个月，而且航行的速度更快。

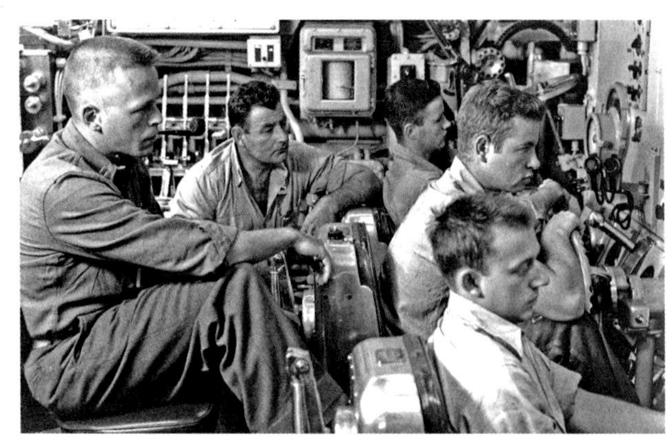

“核能为我们提供了在潜水艇中生活所需的一切。我们试图尽可能少地回到水面。抹香鲸每二十分钟左右就需要浮出水面呼吸，而我们可以在水下待数个月都不上浮到水面呼吸。与海洋哺乳动物相比，我们唯一的限制是船员的心理承受能力。”

——前核潜艇和攻击型潜艇舰队队长、海军中将让·马里翁

美国海军的“鹦鹉螺号”（SSN-571）是世界上第一艘核动力潜艇。冷战期间，为了加强美国的威慑力，美国总统哈里·杜鲁门（Harry S. Truman）于1951年下令建造核动力潜艇。1954年1月21日，“鹦鹉螺号”攻击型核潜艇最终在康涅狄格州（Connecticut）的新伦敦海军基地（New London）下水，德怀特·艾森豪威尔（Dwight D. Eisenhower）到场见证了这个历史性时刻。“鹦鹉螺号”长98.70米，重量超过3500吨，水下航行速度能够达到20节/小时（37千米/小时）。为了测试核潜艇的性能以及各种潜力，1958年，“鹦鹉螺号”执行了一个名为“阳光行动”（Sunshine）的最高机密任务。它载着116名船员从夏威夷出发，先后到达白令海峡（Détroit de Béring）、阿拉斯加州（Alaska）北部的巴罗角（Point Barrow）[1]；随后，“鹦鹉螺号”在浮冰下前进4天，行进距离达近3000千米，于同年8月3日成为第一艘到达北极点的潜艇，然后经过格陵兰岛（Groenland）北部、冰岛（Islande），最后到达英格兰！“鹦鹉螺号”此行的航行路径超过16500千米，其中97%的行程是在深水的极端情况下完成的！

在“鹦鹉螺号”执行“阳光行动”前一年，即1957年8月9日，苏联第一艘核动力潜艇“列宁共青团员K-3号”（K-3 Leninsky Komsomol）下水。苏联和美国的做法很快就被其他国家效仿，如英国1963年派出了“无畏号”（HMS Dreadnought），法国1967年派出了“可畏号”（Redoutable），中国也于1970年派出了“长征1号”。

[1] 巴罗角：美国阿拉斯加州北冰洋岸突出的沙嘴。

◀ “鹦鹉螺号”在浮冰下航行期间，编队人员在控制室监控航行方向，1958 年 8 月。

▶ 美军“鹦鹉螺号”（SSN-571）的鸟瞰图，1955 年。

◀ “鹦鹉螺号”在美国加利福尼亚州海军马雷岛（Mare Island）海军造船厂停泊时的内部视图，照片拍摄之后，它驶往康涅狄格州并成为了一艘博物馆船。美国，1985 年。

CE QUE FUT LE LANCEMENT DU « REDOUTABLE »

« C'est une journée capitale pour notre Marine, pour notre défense et, par là, pour notre « indépendance ».

(Allocution du Président de la République.)

par Augustin LE MARESQUIER

A son arrivée à l'aérodrome de Cherbourg - Maupertus, alors que la batterie de salut tirait le premier des 101 coups de canon protocolaires, le Président de la République était accueilli par MM. Dubois-Chabets, préfet de la Manche ; J. Hébert, député-maire de Cherbourg ; l'amiral Cabanier ; le vice-amiral d'escadre préfet maritime de la 1re région ; le sous-préfet de Cherbourg ; le président de la Chambre de Commerce et d'Industrie...

Un piquet en armes rendait les honneurs.

Par la route, le général de Gaulle gagna l'arsenal où l'accueillait le contre-amiral François, major général du port. Après avoir passé en revue les détachements de fusiliers-marins de Lorient et de Toulon, la musique des Equipages de la Flotte, il pénétra dans la cale de lancement où l'attendait l'ingénieur général du Génie maritime Cauchy, directeur des Constructions et Armes navales de Cherbourg. Où l'attendaient aussi, dans la tribune officielle, de nombreux officiers généraux, les personnalités civiles et militaires parmi lesquelles les techniciens ayant participé au programme Cœlacanthe et les attachés navals étrangers.

A ses côtés, le Président de la République avait le ministre des Armées, le délégué ministériel à l'Armement, le directeur central des C.A.N., le ministre de la Recherche scientifique, le préfet de la Manche et les chefs d'état-major.

« Envoyez les couleurs » ! Et, pour la première fois, le pavillon tricolore est hissé à la proue du sous-marin. Pendant la « sonnerie au drapeau », un détachement d'aspirants de l'Ecole navale présentait les armes.

M. Messmer prit alors la parole. Il souligna en premier lieu combien la présence à cette cérémonie du Président de la République faisait de l'événement « un grand jour pour Cherbourg, pour la Marine nationale et pour la France ».

Le ministre des Armes, après avoir rappelé les problèmes nombreux et complexes qu'avait posés la réalisation du « Redoutable » dit encore : « Le mérite de les avoir résolus dans les délais fixés revient aux officiers, ingénieurs, techniciens et ouvriers qui ont fait preuve de science, d'esprit inventif, d'habileté et de conscience. Ils ont donc une grande part dans le succès d'aujourd'hui et ils gardent une grande responsabilité dans tout ce qui reste à faire pour que « Le Redoutable » soit prêt à prendre la mer pour sa première patrouille, en 1970 ».

Avant de conclure, M. Messmer devait rassurer ceux qui vivent de notre arsenal qui possède un plan de charge important : « Dès demain, dans cette même cale, commencera l'assemblage du second sous-marin nucléaire, « Le Terrible », dont l'admission au service actif est prévue pour 1972, les autres bâtiments de la série se succédant tous les deux ans. »

Puis ce fut l'instant solennel. Au milieu d'un silence impressionnant le général de Gaulle appuya sur un petit bouton, donnant ainsi aux ingénieurs l'ordre du lancement. Et l'énorme masse du « Redoutable » glissa sur le slip, pénétra dans les flots du bassin avec une majesté remarquable cependant qu'éclatait « La Marseillaise » et que crépitaient les applaudissements d'une foule énorme massée aussi bien dans les vastes tribunes dressées de chaque côté de la cale que sur les quais.

Photo U.P.I.

Sans attendre, les remorqueurs de la direction du port, sous les ordres de l'officier des équipages principal Le Boyer, s'affairèrent autour de l'énorme coque qu'ils conduisirent dans le bassin Napoléon III.

Avant de quitter la cale, le Président de la République se fit présenter les principaux artisans de la réalisation et du lancement du premier sous-marin nucléaire français.

Le général de Gaulle et sa nombreuse suite se rendirent alors dans les bureaux d'études où était présentée une maquette du sous-marin.

Puis, dans l'atelier « Bois », ce fut la remise de 57 médailles du Travail, suivie d'un vin d'honneur, au cours duquel le Président de la République devait prononcer une très brève allocution : « Le lancement du « Redoutable » est une réussite parfaite. J'ai été très heureux et très honoré d'y avoir assisté en présence de deux membres du gouvernement. J'adresse mes félicitations à l'arsenal de Cherbourg qui a réalisé ce sous-marin... »

Le général de Gaulle décora personnellement six chefs de travaux principaux : MM. Leclerc, Lecanu (médaille d'or) ; Leconte, Lerévérend, Charrier, Lebarbenchon (médaille de vermeil).

Nous ne saurions citer toutes les personnalités invitées à la cérémonie. Plusieurs d'entre elles allaient déjeuner à la préfecture maritime où était servi un déjeuner de cinquante couverts présidé par le Président de la République ; les autres, au nombre d'environ trois cents, se retrouvaient autour de tables fort sympathiques dressées dans les vastes salons de l'hôtel Sofitel.

(Voir en page 13 l'allocution de l'I.G.G.M. Bensussan.)

Un succès de la technique française : l'appareil propulsif du « Redoutable »

LA domestication de l'énergie nucléaire a donné aux architectes navals de nouveaux moyens en matière de propulsion. Cette nouvelle source d'énergie, du fait de son autonomie (pas besoin d'air comburant) et de son extrême concentration, est tout naturellement adaptée à propulser des sous-marins ; elle leur donne des possibilités qui révolutionnent la stratégie sous-marine ; elle peut en faire ces navires insaisissables à l'autonomie inépuisable auxquels la Marine américaine a sûrement pensé en baptisant « Nautilus » son premier bâtiment de ce type.

L'appareil propulsif du « Redoutable » se compose d'une « chaufferie nucléaire » qui fournit de la vapeur, et d'un « compartiment de la machine » dans lequel cette vapeur produit de l'énergie électrique (turbo-alternateurs alimentant la vie du bord) et de l'énergie mécanique (turbines de propulsion et hélice).

L'étude de ces ensembles a été orientée pour donner à l'appareil propulsif, au plus haut degré, les qualités d'endurance, de silence, de manœuvrabilité et de résistance aux chocs qu'on recherche toujours en propulsion navale militaire mais qui deviennent plus que jamais vitales en raison des possibilités de la propulsion nucléaire. L'endurance du matériel doit être illimitée quand le bâtiment n'a à toucher terre que pour changer d'équipage, le changement d'allure doit pouvoir être instantané quand le sous-marin navigue aux grandes vitesses permises par ses puissantes machines. Le silence de la machine doit mettre le navire à l'abri de l'écoute sous-marine ; la résistance aux chocs doit être tenue à la hauteur des armes qui seront employées pour anéantir un ennemi aussi menaçant.

⁂

Comment ont été conçus, expérimentés et installés les différents éléments de l'appareil propulsif du « Redoutable » ?

Dans le cadre d'ensemble du sous-marin dont la construction a été confiée à la direction des constructions et armes navales du port de Cherbourg, la réalisation de l'appareil propulsif (conception, expérimentation, fabrication) a été pratiquement scindée en deux sous-ouvrages correspondant approximativement à la production et à l'utilisation de la vapeur.

La responsabilité de la « chaufferie nucléaire » a été confiée au département de propulsion nucléaire (D.P.N.) du C.E.A. (Commissariat à l'Energie atomique). Ce département, formé en majeure partie d'ingénieurs issus de la Marine nationale, a déterminé les grandes lignes du projet et notamment le choix de la « filière » utilisant de l'uranium enrichi modéré et refroidi par de l'eau sous pression. Il a ensuite entrepris, en collaboration avec l'Etablissement d'Indret (dans la banlieue de Nantes), spécialisé depuis 140 ans dans la construction d'appareils propulsifs à vapeur, les études d'exécution, la fabrication et la mise au point des nombreux éléments d'une chaufferie nucléaire. Des problèmes techniques considérables furent surmontés dans des domaines divers allant de l'instrumentation la plus avancée, utilisée pour la conduite et le contrôle de l'ensemble de l'installation, à la grosse chaudronnerie de précision, indispensable à la construction des capacités sous pression des circuits primaire et secondaire (cuve du réacteur, échangeurs et pressuriseur notamment) et mise en œuvre à Indret dans des ateliers spécialisés aussi propres qu'une salle d'opération. Pressuriseur et échangeurs-évaporateurs furent successivement construits et essayés en puissance à la station d'essai de l'établissement, pour en vérifier le bon fonctionnement. En août 1964, le prototype à terre de chaufferie nucléaire (Pat) a atteint à Cadarache sa puissance maximale 10 jours après avoir divergé, commençant ainsi brillamment une série intensive d'essais d'endurance, tant en régime stable qu'en régime transitoire. C'est à la fin de cette année 1964 que le D.P.N. et l'Etablissement d'Indret ont entrepris la construction de la chaufferie nucléaire du « Redoutable ».

L'appareil moteur a été conçu par le service technique des constructions et armes navales et l'Etablissement d'Indret. Tandis que la Compagnie électro-mécanique était chargée de l'étude détaillée et de la fabrication des turbines principales et des turbo-alternateurs, l'Etablissement d'Indret entreprenait d'adapter les auxiliaires aux conditions de service à bord d'un sous-marin (notamment les condenseurs, à la pression d'immersion), concevait et fabriquait un réducteur silencieux, étudiait l'emménagement de l'ensemble de l'appareil moteur dans l'espace relativement exigu d'un compartiment de sous-marin, et finalement essayait en plate-forme le groupe turbo-réducteur de propulsion à sa puissance maximale et dans les conditions les plus sévères.

Les travaux de montage à bord du « Redoutable » de l'ensemble de l'appareil propulsif (chaufferie nucléaire et appareil moteur) ont été confiés à l'Etablissement d'Indret, qui les a entrepris dès 1966 à l'arsenal de Cherbourg, pour que les éléments les plus lourds et les plus encombrants soient définitivement installés à bord avant le lancement.

3

◀关于“可畏号”在瑟堡下水的报道，当时的法兰西共和国总统戴高乐亲临现场，来自1967年4月8日出版的法国海军杂志《蓝领》（*Cols bleus*）第985期。

▶（左图）1913年，乔治和恩斯特·威廉森。

（右图）威廉森兄弟于1915年绘制的图画，解释他们的“光球”的工作原理。

观察深处

比起深水区，军用潜艇更关心水面情况，所以它们很少下潜超过几百米。这些军用潜艇没有任何观察外部环境的窗口，航行时完全依赖导航仪器。这个航行方法与儒勒·凡尔纳设想的“鹦鹉螺号”的航行方法大相径庭！正是因为少数聪明过人、勇往直前的先驱者投身科学研究或电影艺术，人类才得以逐渐打开对深海的观察之窗。

因此，在1912年，美国的乔治（Goerge Williamson）和恩斯特·威廉森（Ernst Williamson）两兄弟发明了一种名为“光球”（Photosphère）的水下拍摄设备。在一艘特别装备的船上，摄影师带着他的摄像机进入到一个防水管中，管道的末端是一个配有舷窗的金属球体，这根管道可以像手风琴一样延伸到海面以下6.50米。用这个方法拍摄的效果颇为惊人。1916年，《海底两万里》的电影拍摄工作在巴哈马（Bahamas）清澈的海水中完成了，这是这部小说首次改编成电影，上映时引起了巨大的轰动！片中那些让人心惊肉跳的虎鲨袭击潜水员的镜头，没有采用任何特效，都是实景拍摄的！

20世纪30年代初，美国博物学家威廉·毕比（William Beebe）和工程师奥蒂斯·巴顿（Otis Barton）开辟了一条完全不同的道路——他们开始对大海深处的动物群进行原位观察。他们设计了一个球形深海探测装置（bathysphère），这是一个近2吨重的钢球，能够承受极端水压，其内部气压与大气压一致，配有2个观察外部环境的小舷窗，球体直径只有1.37米，内部空间狭小，只能容纳两个人，且需保持蹲坐姿势。钢球外部还连接着一根固定的金属缆线。这个球形深海探测装置下水时需要借助卷扬机吊装，当海面波涛汹涌时，需要倍加小心，因为这个时候整个系统处于很大的张力下，会容易断裂。在适合潜水的季节里，毕比和巴顿在百慕大群岛进行了三十多次潜水。虽然受到外部探照灯所能照亮范围的限制，但是他们仍然抓住稍纵即逝的机会，记录了不寻常的海洋生物的身影。此前，人们从未在这些海洋生物的自然栖息地研究过它们。1934年8月15日，他们成功地下潜到水下923米的深度，这也是一个史无前例的壮举……

◀"在我眼前晃荡着一个可怕的怪物，在畸形传说里面都能排上号。那是一条巨型章鱼……"来自儒勒·凡尔纳的《海底两万里》。

"20,000 LEAGUES UNDER THE SEA"

COLISEUM THEATRE

SUNDAY, MONDAY AND TUESDAY, AUG. 26, 27, 28

This picture was dramatized under the sea by and produced under the direction of Stuart Paton.

Submarine scenes by the William Brothers who made under sea photography possible.

NOTHING LIKE IT ON EARTH

This picture—the greatest photo wonder of the age—is not only an educational feature but has a strong dramatic plot throughout with prominent stars.

ADMISSION TO THIS SPECIAL FEATURE WILL BE

Balcony 25 Cents — Lower Floor 50 Cents — Loges 75 Cents

As This Is An Extra Long Show the Management Will Start the Picture at 7:10 o'Clock Sharp — Two Shows Nightly, the Second at 9:10 o'Clock. YOU CANNOT AFFORD TO MISS THIS. Coming, Another Big Feature, "EVEN AS YOU AND I."

▲电影《海底两万里》的广告登上了报纸的头条，还刊登了威廉森兄弟在水下拍摄的画面。来自《阿拉斯加日报帝国》（*The Alaska Daily Empire*），1917年8月25日。

◀在摄影师卡尔·路易斯·格雷戈里（Carl Louis Gregory）进入"光球"的管道之前，乔治·威廉森（左一）将相机交给他。右一：恩斯特·威廉森。巴哈马，1914年。

“在 1,000 米深的地方，水压约为 100 kg / cm^2。任何平铺的物体都会被压碎，除非这个物体厚实或者经过加固。这就是我想建造一个完美圆形舱室的原因，因为没有什么形状能比球体更能均匀分散压力了。”

——威廉·毕比

▲威廉·毕比和奥蒂斯·巴顿在第一次潜至水下 2,500 米后，与他们的球形深海探测装置合影。百慕大，1934 年 8 月 10 日。

◀威廉·毕比和奥蒂斯·巴顿的球形深海探测装置。百慕大，1930—1934 年。

“我只能想出唯一一种可能比在水下停留几小时更有趣的体验，那就是火星之旅。”

——威廉·毕比

▲ 潜水前，威廉·毕比在球形深海探测装置内透过窗口向外看。要进入舱内，还得像耍杂技一样需要一些技巧呢！片刻之后，团队成员将把这个窗口用一块可移动的面板密封起来。百慕大，1930—1934 年。

◀ 威廉·毕比登上 1935 年 2 月 9 日出版的《就是这个》（*Voilà*）杂志第 203 期的封面。

▶ 奥古斯特·皮卡尔教授的“FNRS 2 号”，来自 1948 年 11 月出版的《科学和未来》（*Sciences et avenir*）第 21 期的封面。球形驾驶舱的内径为 2 米，浮子的体积为 30 立方米。FNRS 是比利时国家科学研究基金的首字母缩写，该基金资助了奥古斯特·皮卡尔的平流层气球以及第一艘深潜器，还与法国海军共同为“FNRS 3 号”深潜器项目提供资金。

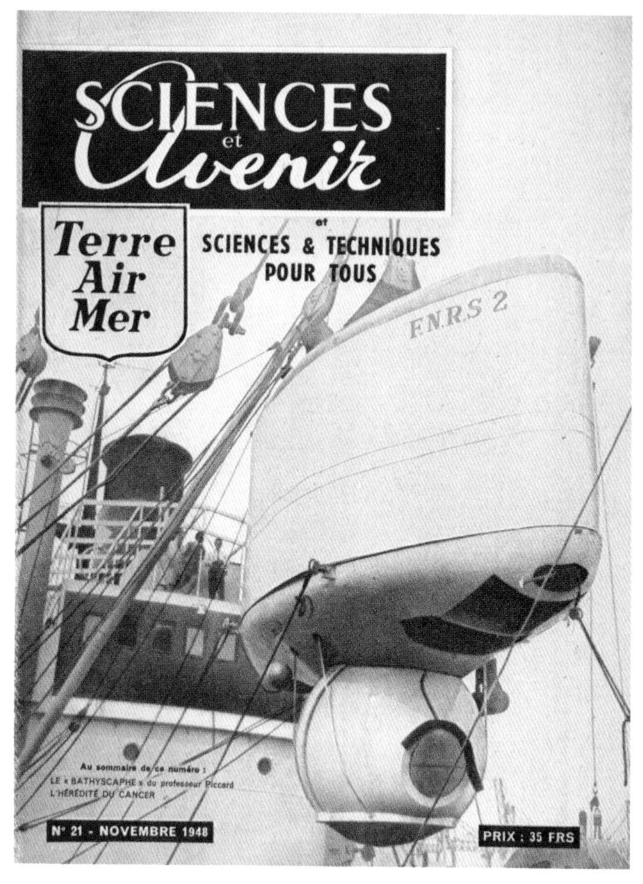

深潜器[1]时代

20世纪30年代初期，瑞士物理学家奥古斯特·皮卡尔（Auguste Piccard）乘坐他发明的热气球“FNRS号”首次飞到平流层，飞行高度达到16940米，由此名声大震。几年后，皮卡尔对威廉·毕比的球形深海探测装置产生了浓厚的兴趣，决定按他的方式挑战深渊，并设计了一种“深海飞艇”——深海潜水器（bathyscaphe）。这个名称来自希腊语“Bathus”（深）和“Scaphé”（船）。皮卡尔把他的深潜器命名为“FNRS 2号”。

和“FNRS号”热气球一样，“FNRS 2号”深潜器包括一个球形的金属驾驶舱。不同的是，球形驾驶舱固定在一个笨重的浮子下方，这个浮子实际上是一个装满汽油的油箱。汽油比水轻而且很难压缩体积，因此深潜器内配有铁块、石块等压载物以增加重量，从而实现垂直下潜。实现既定的潜水目标后，就可以把这些压载物扔掉，利用阿基米德定律[2]，重量减轻的深潜器从而上浮到水面。与毕比的球形深海探测装置相比，这个深潜器是一个巨大的进步，因为它不再有限制深度并带来重大安全问题的线缆。“FNRS 2号”摆脱了所有束缚，可以自主管理潜水进程，探索能力也更加强大。它配备了一个小型电机，通过转动螺旋桨，这个推进装置可以帮助深潜器在到达海底时水平移动。

由于第二次世界大战，皮卡尔的工作一度中断，于1945年年底才恢复。在制造完各种部件后，“FNRS 2号”最终在安特卫普（Anvers）[3]完成组装工作，

1 深潜器：具有水下观察和作业能力的活动深潜水装置。

2 阿基米德定律：流体静力学的一个重要原理，它指出，浸入静止流体中的物体受到一个浮力，其大小等于该物体所排开的流体重量，方向竖直向上并通过所排开流体的形心。这结论是阿基米德首先提出的，故称阿基米德定律。

3 安特卫普：位于比利时西北部斯海尔德河畔，是比利时最大港口和重要工业城市。

▼泰奥多尔·莫诺在他1954年出版的《深潜器，潜入深海》（*Bathyfolages, plongées profondes*）一书中对“FNRS 2号”深潜器试验活动进行了评价：“最初的想法是绝妙的，对海洋环境的客观现实的认知偏差是一个根本性的错误，这导致了这次尝试的不幸失败……换句话说，要制造一个可行的深潜器，除了必要的知识渊博的物理学家和熟练的建造工程师，还需要配备水手。我们很久以前已经意识到了这一点，但是在1948年7月我们以为可以忽略这个因素。”

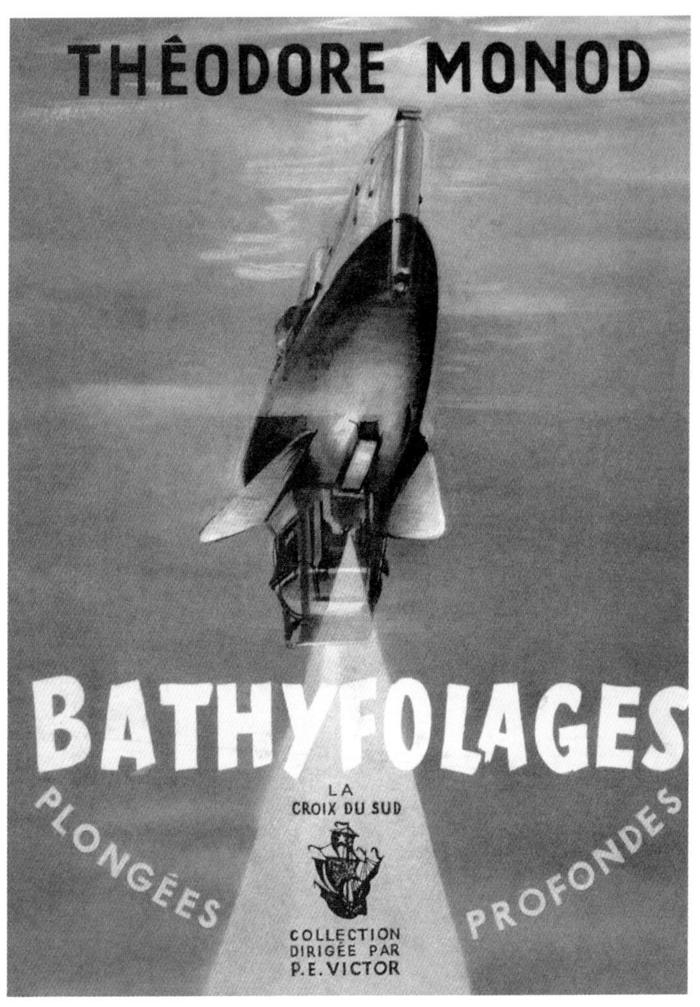

▲国家自然历史博物馆的博物学家泰奥多尔·莫诺在“FNRS 2号”深潜器的潜水试验期间站在“斯卡勒迪号”船甲板上，佛得角，1948年。莫诺教授应奥古斯特·皮卡尔的邀请参加试验，他希望借此机会观察水下动物群。

1948年10月26日，载人深潜器在史上第一次成功地将两名乘客送至水下25米！莫诺后来常常调侃这次“平平无奇”的经历：“当人们问我那天我们潜水有多深时，我和教授总是回答：‘二万五’……毫米，这样听起来更严谨[5]。”1954年4月，莫诺和艇长乔治·乌奥在“FNRS 3号”深潜器上进行了两次潜水，这回他终于体验到深海潜水，这两次试验到达的深度分别为水下750米和水下1400米。

随后在比利时政府的安排下登上了“斯卡勒迪号”（Scaldis）蒸汽货轮。1948年秋，“FNRS 2号”先后在达喀尔、佛得角群岛进行初次海上试航，此次试航计划在不同深度进行几次潜水，目的是达到最深的设计下潜深度——水下4000米。这些潜水试验可以在不同的深度逐一检查潜水艇的耐压能力和安全性能，并对海洋生态系统进行初步观察。这次潜水试验得到大量的宣传，有几位观察员受邀参加了这次航行，其中就包括国家自然历史博物馆教授、达喀尔黑非洲法国文化中心主任泰奥多尔·莫诺（Théodore Monod）。此外，雅克-伊夫·库斯托和法国海军水下考察小组（GRS）的人员也到场提供帮助，协助确定潜水最佳地点。

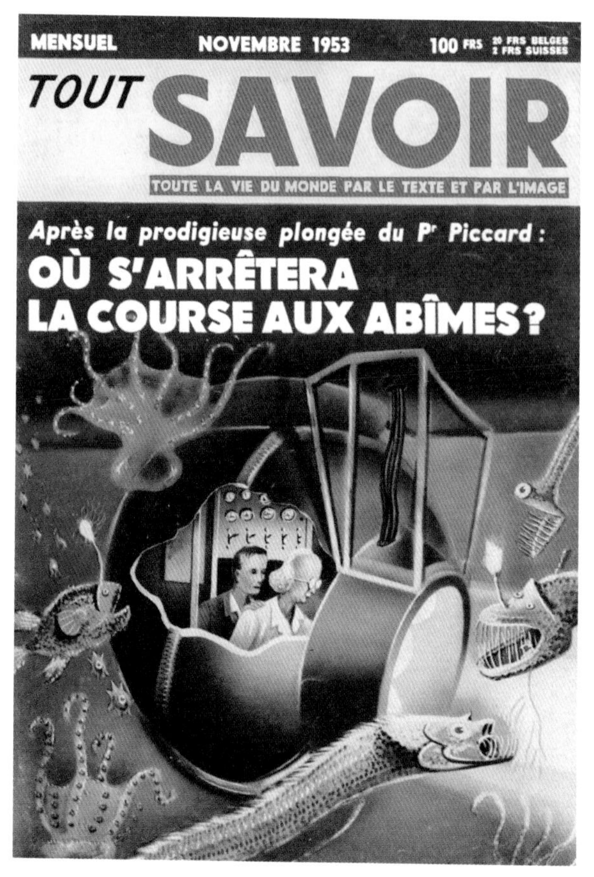

最后，结果喜忧参半。皮卡尔和莫诺的第一次下潜最终到达水下25米。此次试验事故频发，而且暴露了几个设计缺陷：因为整个“FNRS 2号”深潜器的自重过大，所以每次完成潜水任务上浮水面后，需要先排空浮子内的汽油，然后才能用卷扬机把深潜器吊回甲板上；船员需要提前数小时进入球形驾驶舱内，因为一旦下水后人员就无法再进出，而海面复杂的情况常常会让作业一拖再拖……“FNRS 2号”深潜器创下了1380米的潜水纪录，但是这个纪录是在无载人空潜的情况下创造的。此外，在上浮水面时，深潜器的浮子遇到了很强的海浪，由此遭受的破坏无法修复。虽然没有完全实现预期的目标，但是皮卡尔仍然证明了他的深潜器的原理行之有效。

库斯托向法国海军建议让他接管“FNRS 2号”深潜器，海军方面很快就同意了他的请求，并要求库斯托从这次测试活动中吸取教训，同时有针对性地进行优化。“FNRS 2号”深潜器的优化工作在土伦的造船厂进行，改造后的深潜器就自然而然地被命名为“FNRS 3号”。乔治·乌奥（Georges Houot）军官被任命为这艘新的深潜器的艇长，而年轻的理工工程师皮埃尔·威尔姆（Pierre Willm）被任命为改造现场经理。库斯托保留了球形驾驶舱，但设计了一个全新的浮子，将它的形状改成船体的形状，以增加稳定性；还在中间新增一个通道，允许潜水员在深潜器下水后通过梯子进入球形驾驶舱。最重要的是，改造后的“FNRS 3号”耐压能力更强，只要加满油，它就可以被船拖到潜水地点。然而，改造过程中偶尔也会出现意见分歧。1952年，项目正式的科学顾问皮卡

◀ 奥古斯特和雅克·皮卡尔在“的里雅斯特号”上，来自1953年《什么都知道》（*Tout savoir*）11月刊的封面。

“通过创造能够在海底自由航行的设备，我作为研究人员的兴趣得到了满足，而且我希望就此打开通向海洋学的一扇大门。”

——奥古斯特·皮卡尔

◀ 奥古斯特·皮卡尔教授和他的儿子雅克在“的里雅斯特号”的甲板上。受这位瑞士学者的启发，漫画书作者埃尔热（Hergé）创作了向日葵教授这个人物，于1943年首次出现在冒险小说《红色拉克姆的宝藏》（*Le Trésor de Rackham le Rouge*）中。

尔最终决定退出。在他的儿子雅克的帮助下，皮卡尔前往意大利，展开一个由瑞士和意大利赞助的名为“的里雅斯特”（Trieste）的竞品项目。一场真正的深渊竞赛自此开始，目标仍然是达到4000米水深。那么，究竟是“的里雅斯特号”还是“FNRS 3号”会实现这一壮举？

在水池中进行初步测试后，1953年夏天，“FNRS 3号”深潜器在地中海进行了几次深潜，其中在土伦附近的海域完成了一次水下2100米的深潜。同年9月，“的里雅斯特号”下潜至水下3150米，创造了新的纪录。几个月后，在达喀尔附近的海域，乌奥和威尔姆最终成功地下潜到水下4050米，再一次突破了极限，达成了目标！这是深潜器能够成功应用于海洋探索的有力证据。在接下来的几年里，“FNRS 3号”深潜器搭载了许多科学家，前往水下研究水下声学、动物生命或洋流。

与此同时，奥古斯特·皮卡尔决定让他的儿子雅克特别留心“的里雅斯特号”深潜器的去留。1958年，雅克·皮卡尔将“的里雅斯特号”卖给了美国海军。美国海军对这一深潜器进行了重大改造以提高它的性能，这一次的目标是下潜至已知最深的深度……“的里雅斯特号”于1960年1月23日完成目标：经过五个多小时的下潜，雅克·皮卡尔和年轻的美国军官唐·沃尔什（Don Walsh）轻轻降落在太平洋海底的马里亚纳海沟，水深10916米！

一年半之后，法国海军又有一艘新的深潜器下水，该深潜器名为“阿基米德号”，同样能够到达这样的极端深度。“的里雅斯特号”在经历那次创纪录的历史性的潜水后永久损坏，现在，“阿基米德号”是唯一能够执行此类任务的深潜器。乌奥成为了这艘深潜器的艇长。“阿基米德号”深潜器与国家科学研究中心（CNRS）合作，在其内部创立了一个实验室，以便在世界各地组织一系列科学活动。亨利·热尔曼·德劳兹（Henri Germain Delauze）这时刚刚创建了法国海事技术公司（Compagnie maritime d'expertises，简称COMEX），他也参与了这次考察探险。五年来，他负责协调各方，主持许多财务、政治和战略方面的工作，还致力于开发新的海洋学设备。

从1962年到1974年，“阿基米德号”在日本、希腊、波多黎各、马德拉岛等地进行了208次潜水，其中一半以上是出于科学探索的目的。

> “浮子的想法是为了拥有一个不会因水压的逐步增加而崩溃的系统。因为深度每加深10米，就要承受增加1巴的压力；当你在水下6000米时，你需要承受600巴的压力！并且浮子还可以减轻深潜器的重量。简而言之，基本原理就是：深潜器下潜，顶住水压；通过改变重量，深潜器上浮。”
>
> ——法国海洋开发研究院地中海中心主任，文森特·里戈

▲ 1953年6月2日，“FNRS 3号”深潜器在土伦下水。

◀ 1953年至1960年间，乔治·乌奥艇长在“FNRS 3号”深潜器上进行了93次潜水。随后，在任1961年创建的法国海军深潜器小组组长期间，他在“阿基米德号”上进行了64次潜水，然后于1970年退休。

10e ANNÉE No 339
SAMEDI 27 FÉVRIER 1954
25 fr.

Cols bleus

JOURNAL DE LA MARINE FRANÇAISE

ABONNEMENTS : Six mois. 650 fr. Un an. 1.250 fr. C. C. Paris 1814-53
25 fr.

DIRECTION-RÉDACTION : Tél. : Gut. 38-59 10, rue Vivienne, PARIS (2e) - C. C. P. Paris 1814-53

Directeur : Paul-Jean LUCAS

ADMINISTRATION-PUBLICITÉ : Tél. : Gut. 38-59 10, Rue Vivienne, PARIS (2e) - C. C. Postaux Paris 1814-53

EMBRUNS

DES RÉSULTATS... DES ENSEIGNEMENTS

Il est encore trop tôt pour dégager la véritable signification des plongées profondes du bathyscaphe. Et quand je dis bathyscaphe, je pense autant au « F.N.R.S.-III » construit par l'arsenal de Toulon qu'au « Trieste » du professeur Piccard, construit dans des chantiers italiens.

Cette ténacité du grand savant à réaliser un rêve vieux de milliers d'années a, sans aucun doute, été à l'origine de la merveilleuse réalisation du Génie Maritime français, qui a apporté à la construction du « F.N.R.S.-III » toute la valeur de sa science et de sa technique mises journellement au service de notre flotte sous-marine ou de surface.

Mais déjà des esprits sceptiques dissèquent cette victoire remportée par les navigateurs, les « hydronautes », comme on les appelle déjà :

« Ces explorations seront-elles jamais d'un intérêt pratique? N'a-t-on pas déjà des données certaines sur la faune des profondeurs? On a pêché des poissons à 3.000 mètres. On les a même photographiés.

« Le principe de la plongée n'est que le principe d'Archimède avec une application nouvelle, voilà tout. Alors à quoi bon continuer? »

Tous les novateurs qui sont des idéalistes à l'imagination féconde ont, dans le passé, été froidement examiné par l'objectivité des observateurs du présent. C'est une question d'équilibre.

Thiers n'avait accordé aucun crédit aux chemins de fer, ces « jouets d'enfants », et quand Santos-Dumont vola pendant 100 mètres sur sa « Demoiselle » à 80 centimètres d'altitude, personne ne pensait que cinquante ans plus tard il y aurait des avions à réaction.

La vérité est que les plongées des bathyscaphes ouvrent un horizon nouveau, un domaine illimité à la recherche des hommes qui sauront en tirer le Bien ou le Mal.

Souhaitons que la France et la Marine qui ont soutenu les travaux des premiers pionniers de la recherche sous-marine continuent, dans le présent et dans l'avenir, à developper et à soutenir une science qui ne peut qu'augmenter notre prestige.

P.-J. L.

LA PLONGÉE

Nous avons publié dans notre dernier numéro un article de notre correspondant particulier à Dakar, envoyé quelques heures après la plongée à 4.050 mètres du bathyscaphe français. Bien que le commandant Houot et l'ingénieur Willm n'aient pas encore publié leur rapport de mission dans son intégralité, on connait aujourd'hui les détails de la croisière et une partie des impressions, des sensations, pourrait-on dire, des deux navigateurs.

•

Il n'y avait, en ce matin du 15 février, aucune inquiétude pour la plongée et la remontée du bathyscaphe.

L'appareil est, en effet, construit pour pouvoir remonter de toute manière, même si la sphère se remplissait d'eau. Il est pourvu à cet effet de lest qui se compose de deux parties : 1° un lest de manœuvre constitué par de la grenaille de fonte enfermée dans des silos et manœuvré par des électro-aimants; 2° un lest de sécurité constitué par de la grenaille de plomb qui doit se déverser automatiquement en cas nécessaire, et en outre par une grosse batterie d'accumulateurs placée à l'extérieur et retenue, elle aussi, par un courant magnétique.

Il a même été prévu qu'en cas d'abordage en surface éventrant une partie des réservoirs d'essence qui maintiennent le bathyscaphe à flot, le lest supplémentaire, une fois largué, lui permettrait de ne pas couler.

La question, pour tous, de revoir ou de ne pas revoir le F.N.R.S. III ne se posait même plus au moment où il plongea. Pourtant, on ne saurait négliger les impondérables du mystère des profondeurs... La sphère qui, brusquement ou lentement, peut se remplir d'eau... un joint qui saute, un fond qui retient l'appareil dans la vase ou dans l'anfractuosité d'une roche, des lames de fond comme on en rencontre dans le Pacifique, et bien d'autres incidents.

Le F.N.R.S.-III avait été légèrement amélioré depuis sa plongée du 14 août dernier, au cours de laquelle il avait atteint 2.100 mètres au large du cap Cepet, devant Toulon.

Les techniciens avaient complété son équipement, placé les moteurs qui devaient le faire se diriger sous l'eau, remplacé les projecteurs par des sources de lumière plus puissantes, installé un compas, un loch vertical et établi les appareils de transmission par ultra-sons qui permirent à Houot et Willm de correspondre avec l'extérieur. Des essais avaient été faits le 12 décembre avec ces nouveaux équipements au cours d'une plongée à 1.200 mètres.

Lorsque, à l'aube du 15 février, Houot rabattit sur sa tête la « tape » de son « trou d'homme » et descendit dans le sas étroit pour rejoindre la sphère, il savait donc où il allait.

Les derniers ordres téléphoniques parvinrent comme précédemment de l'intérieur sur le « kiosque » minsucule :

— Ouvrez les purges...

— Larguez la remorque...

— Evacuez le flotteur...

Le *sas* se remplit lentement de l'eau de l'océan Atlantique au-dessus des 4.000 mètres de fond. L'eau recouvre le pont... Le bathyscaphe s'enfonce lentement....

La descente amorcée, l'appareil doit laisser échapper ses derniers litres d'air à la profondeur de 20 mètres. A 40 mètres, le dernier plongeur qui suivait l'appareil disparut du hublot où

(Suite page 4.)

Lire en pages 4 et 5 notre reportage complet sur le bathyscaphe

1. Dernier regard de Houot sur la lumière du ciel avant la descente vers les profondeurs abyssales.

2. Le bathyscaphe vient de faire surface.

3. Willm, encore ébloui, vient de quitter le F.N.R.S.-III. (Photos Pierre Vals.)

4. Pendant un remorquage, la remorque a sauté du chaumard, le bathyscaphe vient en travers. (Photo Cadin.)

“这是潜水艇第一次被使用，我们也因此得以潜入深海观察海洋并在其中移动。”

——法国海洋开发研究院
地中海中心主任
文森特·里戈

▲ 安装在“的里雅斯特号”上的新球形驾驶舱的特写图。它由钢制成，重13吨。美国加利福尼亚州圣地亚哥海军电子实验室（1958—1959）。

◀ 关于“FNRS 3号”深潜器创下水深4,050米潜水纪录的报道，来自1954年2月27日出版的法国海军杂志《蓝领》第339期。左上：乔治·乌奥艇长；右下：工程师皮埃尔·威尔姆。

▶ 在被美国海军收购后，“的里雅斯特号”被运送到美国海军电子实验室。美国加利福尼亚州圣地亚哥，1958—1959年。

“雅克·皮卡尔和唐·沃尔什下潜了超过10000米。他们有机会实地进行观察并告诉我们：‘没错，到处都有生命。’”

——法国国家自然历史博物馆馆长
布鲁诺·大卫（Bruno David）

▲“的里雅斯特号”即将下潜至水下10 916米，到达地球上最深处马里亚纳海沟的“挑战者深渊”（Challenger Deep）。背景：美军护卫驱逐舰“刘易斯号”（Lewis）。太平洋，1960年1月23日。

JOURNAL DE LA MARINE FRANÇAISE
ET DES ARSENAUX
Cols bleus
0.50 N.F.
UN BATHYSCAPHE NOMMÉ "ARCHIMÈDE"

▲ “阿基米德号”，最新的大型深潜器，来自1961年8月5日出版的法国海军杂志《蓝领》第707期的封面。“阿基米德号”长22米，重近200吨，包括21吨压载物，可以容纳3名船员。

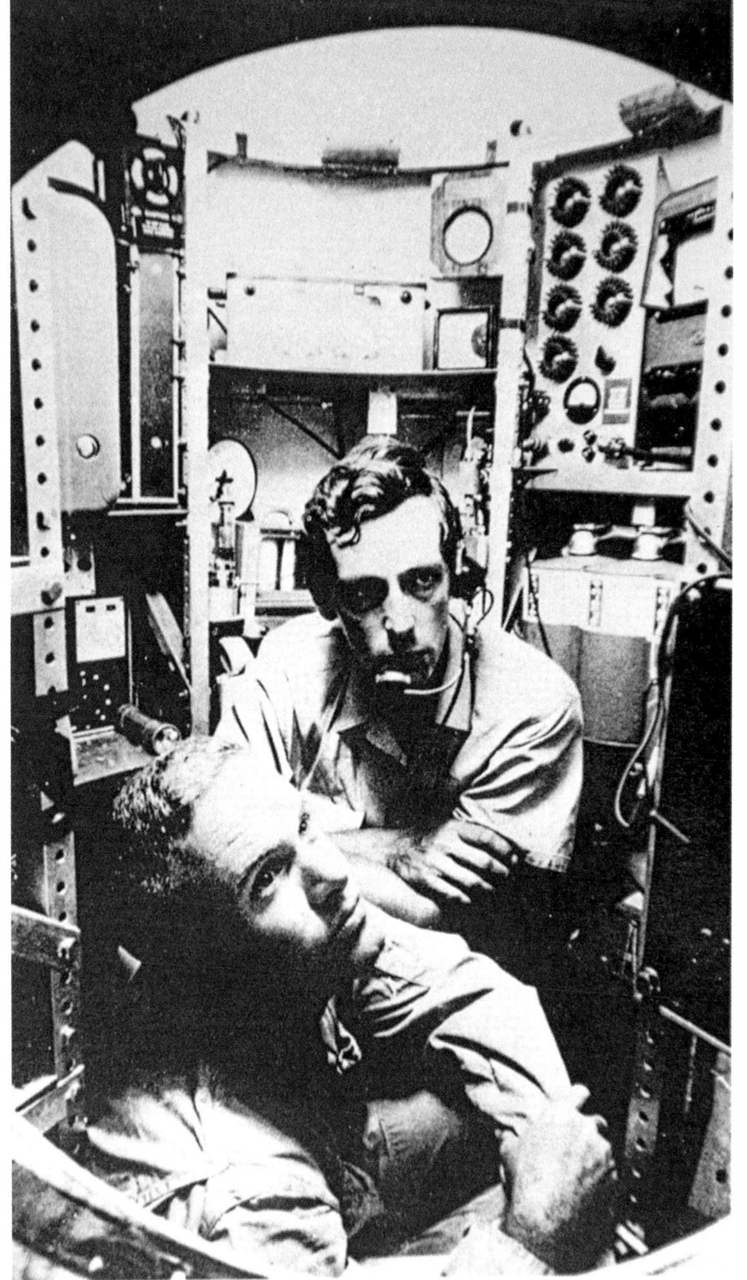

▶ 潜水期间，唐·沃尔什中尉和雅克·皮卡尔在“的里雅斯特号”的驾驶舱内，太平洋，1960年1月23日。雅克·皮卡尔在他的著作《深度11000米》（*Profondeur 11,000*）一书中，详细描述了他们在马里亚纳海沟底部发现生命迹象时的激动之情：“就在13点06分，‘的里雅斯特号’几乎下潜到11,000米水深处……我们一到达，就非常幸运地看到我们其中一个监视器中间有个光圈，原来是一条鱼；所以经过多年的准备，我们能够在一秒钟内，回答数百万海洋学家几十年来一直问自己的问题！因此，在海上的任何地方，无论深度如何，都可能存在高度组织化的生命[18]。”

▶ “阿基米德号”走上了通往深渊的道路。它最深的一次潜水是在1962年7月25日在日本东北部的千岛海沟（Fosse des Kouriles）进行的，船上有加布里埃尔·亨利·奥比尔纳（Gabriel Henri O'Byrne）中尉、亨利·热尔曼·德劳兹和佐佐木忠义（Tadayoshi Sasaki）教授。

▼ 1974年完成最后一次科学任务后，“阿基米德号”返回土伦基地。

> “使用5马力的发动机，我们只能以低速行驶。但是，也没有必要走得太快，否则我们就无法仔细观察海底。走太快的话，海底的景象很快就掠过了球形驾驶舱。”
>
> ——“阿基米德号”的前驾驶员，
> 菲利普·德·吉尔邦（Philippe de Guillebon）少校

水下探索

1960年，当深潜器开辟了通往深渊的道路时，另外有一项发明旨在探索大陆架区域及大陆架的边缘与海水接壤的地方——那是生命最为丰富的地方。在当时，利用水肺潜水的手段进行的对这些生态系统的研究仅限于大约60米水深。为了解决这个问题，库斯托少校发明了一种轻便的载人潜水器，这个潜水器能够覆盖广阔的地理区域，并且能够在水下350米深的地方进行持续工作数小时。这是一款“潜水碟”（碟形潜水器），名为“SP-350号”载人潜水器，整整花了5年时间才得到完善。其外表的设计具有明显的未来主义风格，且毫无疑问，在技术上取得了明显的进步。“SP-350号”载人潜水器由喷射的水柱推动，借助配备两个可调节的侧面喷嘴，可以向各个方向移动。该潜水器尺寸适中，内径为2米，高度为1米，可以容纳2名船员趴在垫子上以舒适的姿势航行；配备的两个舷窗，提供180度视野，便于导航和观察，还配备了拍摄设备，甚至还有一个用于采集样品的机械臂。“SP-350号”载人潜水器仅重3吨，因此可以轻松装载到船上，然后通过小型起重机下水作业。从那时起，“SP-350号”载人潜水器参加了“卡吕普索号”（Calypso）的所有海洋科学考察活动，进行了1000多次潜水。1964年，纪录片《海底世界》（*Le Monde sans soleil*）上映后，“SP-350号”载人潜水器成功跻身“明星”行列。这部电影是“大陆架2号”（Précontinent II）航海考察期间在红海拍摄的。

通过开辟新的探索视角，这项发明正在彻底改变海洋学的实践。在随后的几年里，其他轻型潜艇原型相继下水，潜水深度越来越深，装备也在不断改进。这些新型潜艇受益于新材料的开发，例如，复合泡沫，具有密度低、可承受数百巴的压力的优点。由美国海军与伍兹霍尔海洋研究所（Woods Hole Oceanographic Institution，简称 WHOI）合作开发的“阿尔文号”（Alvin）于1964年投入使用。“阿尔文号”的体型比“SP-350”号大，长7.10米，重17吨，可以下潜到水下1828米，容纳3名船员。1971年，海洋开发委员会向库斯托订购的“西亚娜号”（Cyana）也是3座，长5.70米，重5吨。“西亚娜号”实际上是“SP-350号”的衍生产品，但是从此能够达到水下 3000米的深度。1973年，“阿尔文号”在经过改装后，可以在 4500米的水深航行！

▲ 1959 年，当还在测试阶段时，雅克 - 伊夫 库斯托来到了纽约展示他的“SP-350”，并在第一次世界海洋学大会向公众开放。它被命名为丹尼丝，让·莫拉尔的妻子的名字，为此设计注入灵感的人。

“在20世纪60年代，我们拥有革命性的材料，使制造更结实、更轻、能够以更少能量移动的潜艇成为可能。最重要的是，我们可以将这些潜艇装上小船，更轻松地移动到潜水区。这些潜水器真正彻底地改变了海洋学。”

——法国海洋开发研究院地中海中心主任
文森特·里戈

▼ “阿尔文号”，第一艘深海考察潜艇，拍摄于下水前两个月，伍兹霍尔海洋研究所，美国马萨诸塞州，1964年6月5日。“Alvin”（阿尔文）是工程师阿林·瓦因（Allyn Vine）的名字和姓氏的缩写。

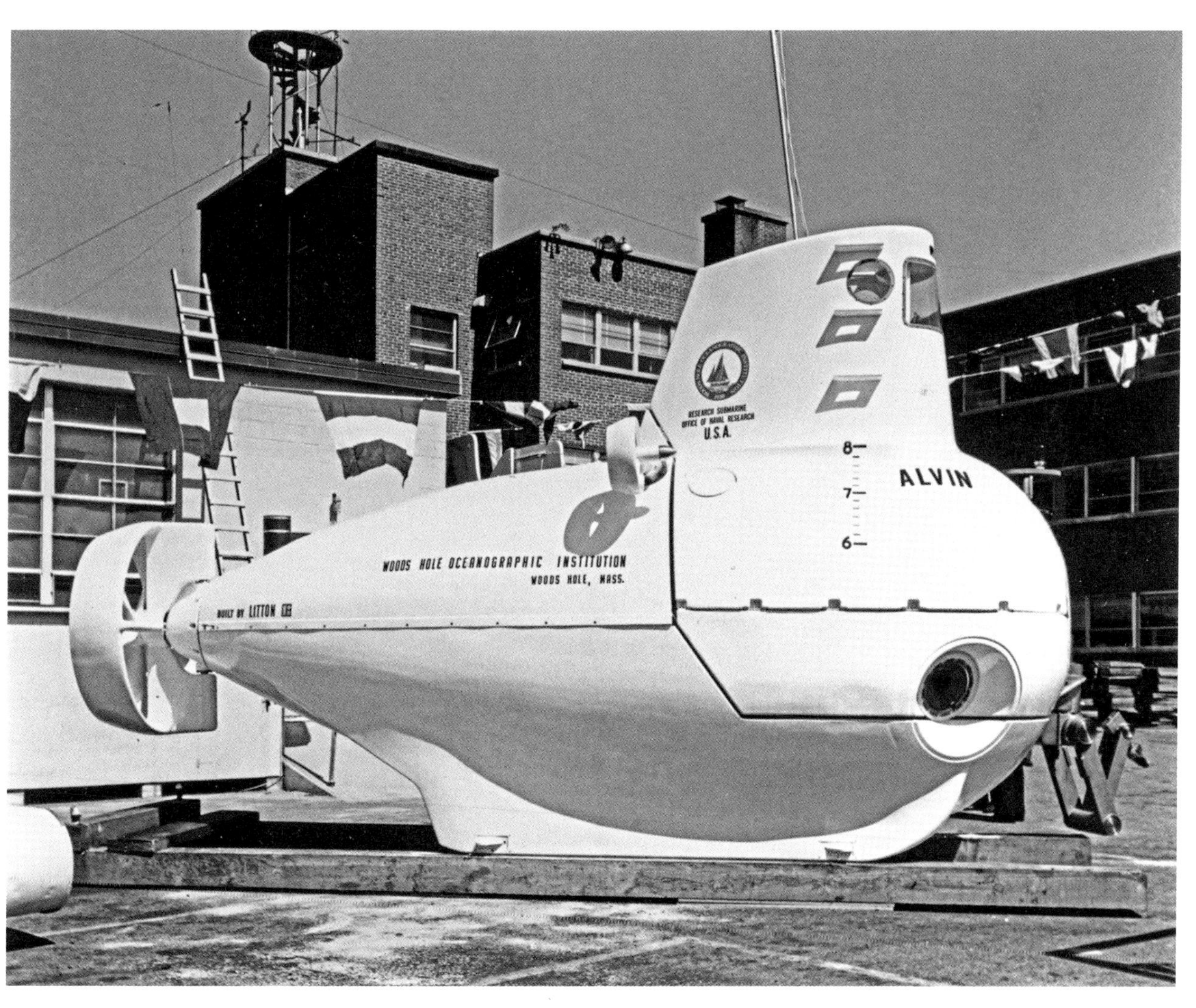

潜水中的“阿尔文号”，1978年。

正因有了这些潜水器，我们才得以组织重大的海洋考察活动，这是前所未有的，也推动了许多领域的重大发展，例如，生物学、地质学，甚至是地震学和火山现象的研究。1973年至1974年间，“阿尔文号”和“西亚娜号”加入了深潜器“阿基米德号”在法美大洋中部海底研究项目（French-American Mid-Ocean Undersea Study，简称 FAMOUS），在此期间记录了水下 2500至 2800米之间的大西洋中脊的地形。1977年，在加拉帕戈斯群岛（Galápagos）[1]附近，“阿尔文号”下潜至2500米处，首次揭示了深海海底热流活动的存在：虽然环境温度不超过3° C，但是这些白色或黑色的漩涡是海水在地下岩浆的压力下从地表中溢出形成的，它们的温度可以高达350° C！这些漩涡周围聚集着特有的动物群，包括丰富的甲壳类动物、蠕虫或软体动物，这是一个前所未见的原始生态系统，生物在完全黑暗的环境中蓬勃生长！

从20世纪80年代开始，新一代潜艇能下潜至更深的地方，展现了无限的可能，其中包括1984年法国的“鹦鹉螺号”（Nautile）（水下6000米），1987年苏联的“和平 1号”（Mir 1）和“和平 2号”（Mir 2）（同样是水下 6000米），1990年日本的“新海 6500号”（水下 6500米），以及 2010年中国的“蛟龙号”，它能够跨越7000米大关。除了执行海洋科学考察任务外，这些潜水器还用于水下救援，并积极参与深海沉船的定位和探索，例如，传奇的“泰坦尼克号”沉船遗址，它于1986年被“阿尔文号”在水下3821米处发现，随后“鹦鹉螺号”“和平 1号”“和平 2号”先后都潜至该处。

数十年内，深潜器和潜艇彻底地改变了我们探索海洋的方式，它们已成为科学研究的重要工具，而在 21世纪，它们仍然继续激励人们迎接新的挑战。导演詹姆斯·卡梅隆（James Cameron）乘坐“深海挑战者号”（Deepsea Challenger），一艘能够在垂直方向移动的 单座7.30米潜水器，成为第一个独自下潜到位于马里亚纳海沟水下10908米处的人；在2018年至2019年间，美国商人维克多·维斯科沃（Victor Vescovo）乘坐他的“限制因子号”（Limiting Factor）潜水艇成功地到达地球五个最深海域的底部……

1 加拉帕戈斯群岛：西班牙语：Islas Galápagos，官方名称：Archipiélago de Colón，官方名称为科隆群岛，位于太平洋东部，属于厄瓜多尔，位于南美大陆以西1,000千米的太平洋面上。

▲ 海底地下热流成为附近的贻贝和螃蟹聚集地。这片生命的绿洲，是在巨大的深渊沙漠中，在没有任何阳光的情况下发展起来的！太平洋，2004 年。

◀ 深海海底热流，太平洋，2004 年。1977 年，伍兹霍尔海洋研究所的海洋学家罗伯特·杜安·巴拉德（Robert Duane Ballard）在“阿尔文号”上首次观察到这一现象。

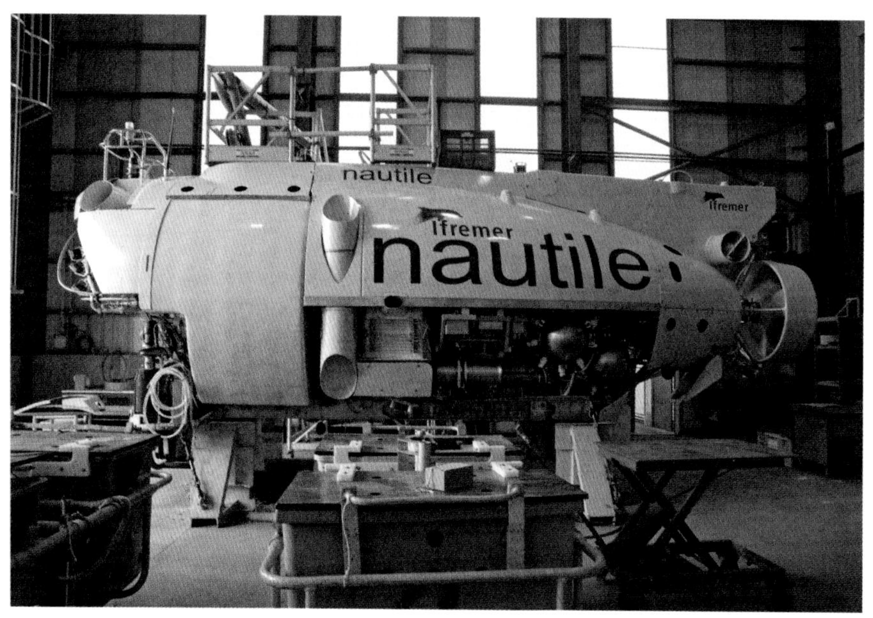

▲“鹦鹉螺号”在潜水员检修期间的半水下视图，2014年。“鹦鹉螺号”可以容纳3名船员，长8.10米，重18.5吨。

◄“鹦鹉螺号”，位于法国海洋开发研究院地中海中心的机库中。滨海拉塞讷（La Seyne-sur-mer），2020年。

▲“西亚娜号”在布雷斯特的海洋馆(Océanopolis)展出。

◀日本潜艇“新海6500号”,长9.5米,重26吨。

◀苏联两艘“和平号”潜艇之一，长7.8米，重18.6吨。

▼亨利·热尔曼·德劳兹登上法国海事技术公司的“雷蒙拉2000号”（Remora 2000）。这艘于20世纪20年代下水的两座潜艇，主要用于考古研究，能提供全景视野。它配备了机械臂、采样工具和摄像头，可以下潜到水下610米。21世纪初，“雷蒙拉2000号”协助打捞安托万·德·圣－埃克苏佩里[1]（Antoine de Saint-Exupéry）的双引擎“P-38闪电号”（P-38 Lightning）飞机的残骸，这个飞机残骸在马赛的狭海湾附近的海域被发现。

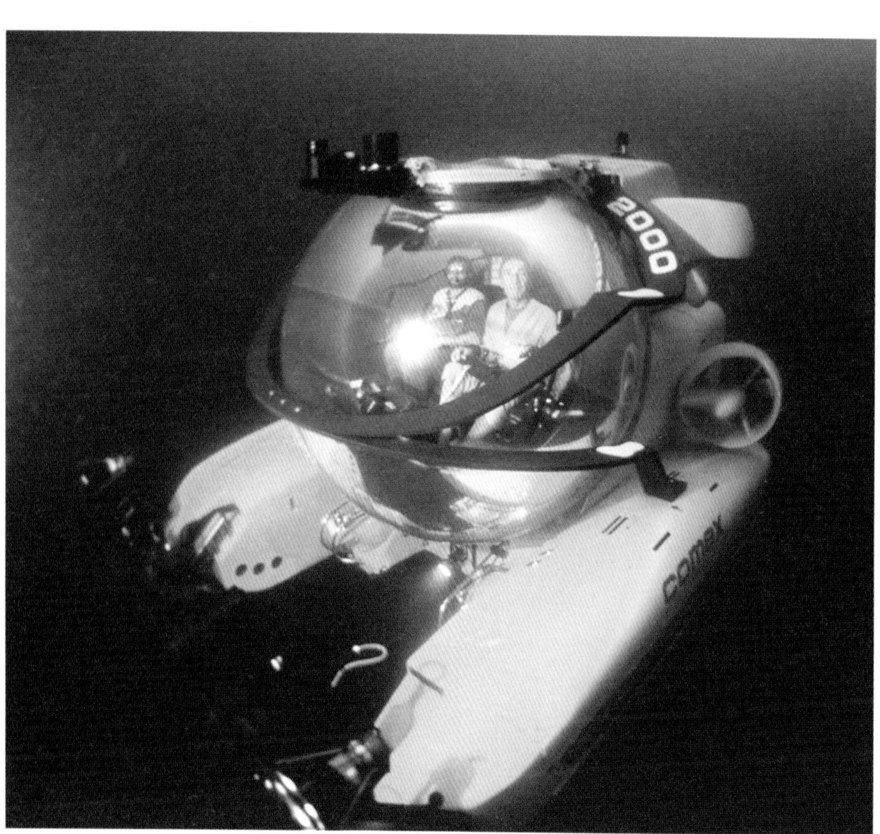

1. 安托万·德·圣－埃克苏佩里：1900年6月29日—1944年7月31日，法国飞行员、作家。他是法国最早的一代飞行员之一。1940年流亡美国，侨居纽约，埋头文学创作。1943年参加盟军在北非的抗战。1944年他在执行第八次飞行侦察任务时失踪。其作品主要描述飞行员生活，代表作有小说《夜航》，散文集《人的大地》《空军飞行员》，童话《小王子》等。

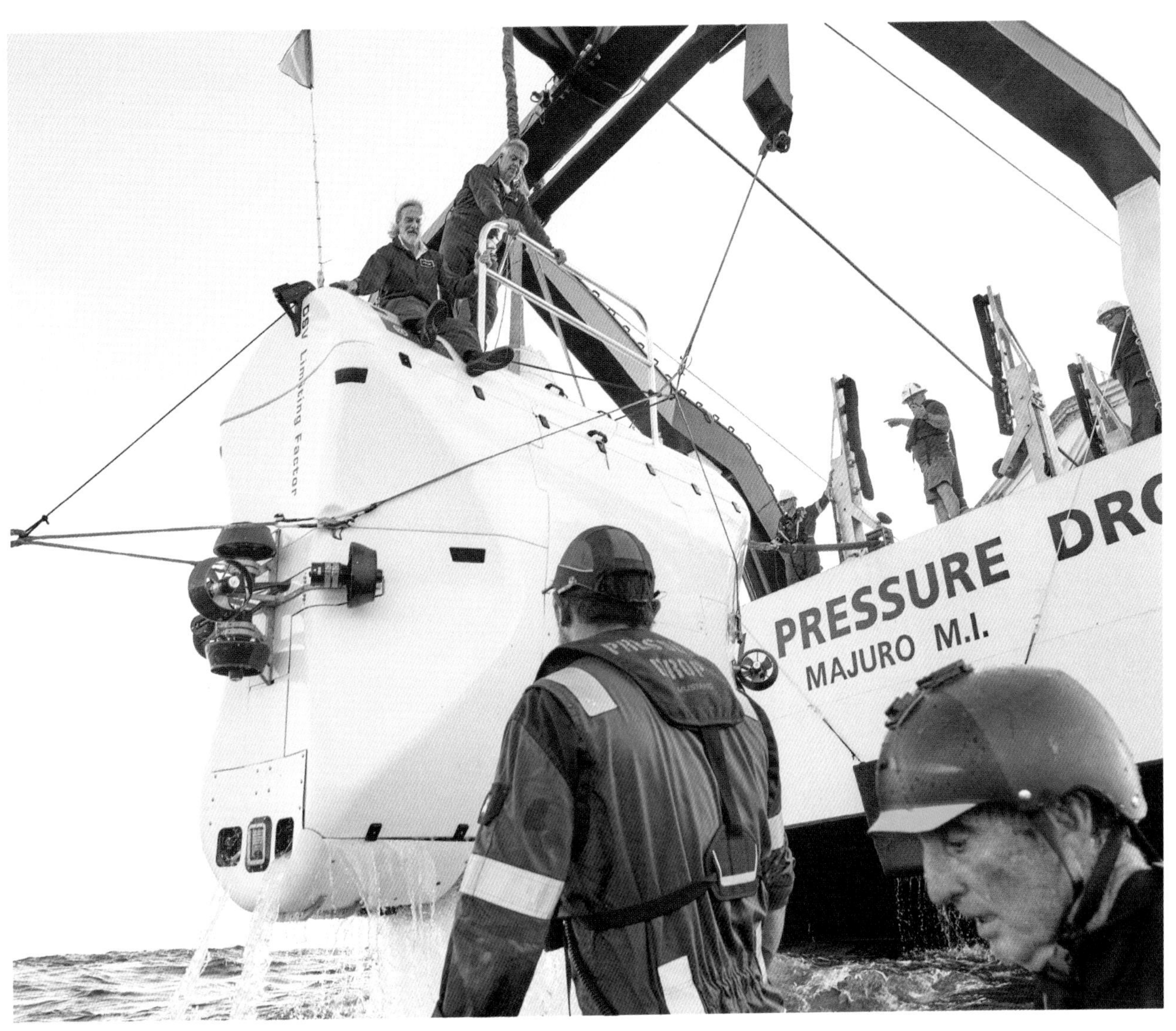

▲在“五个深海”探险期间，商人和冒险家维克多·维斯科沃（Victor Vescovo）坐在“限制因子号”潜艇上，波多黎各海沟，2018年。

▶ “我该如何追忆描述这次水下行走给我留下的印象？真是无法用言语描述的奇迹！”来自儒勒·凡尔纳的《海底两万里》，（巴黎，J. Hetzel et Cie, 1871 年。插图作者：阿尔方斯－德－诺伊维尔、爱德华－里欧。）“鹦鹉螺号”可能是最著名的“潜水员进出式”潜水艇。

从“鹦鹉螺号”到“萨加号”（SAGA）

1869年，在《海底两万里》一书中，儒勒·凡尔纳构思了一个这样的场景：在“鹦鹉螺号”潜水期间，尼摩船长的手下穿着潜水服，穿过气闸舱离开潜艇，到达海底并自由游走。

20世纪60年代中期，随着近海石油产业的发展，被称为“潜水员进出式”潜水艇的想法再次出现在大众的视野。雅克-让·库斯托在组织了“大陆架号”（Précontinent）水下栖息地实验数年后，向法国石油学院（Institut français du pétrole，简称 IFP）提议开发一种具有革命性设计的深海工作潜艇，即“水蛛号”（Argyronète）潜艇。该潜艇可以称为可移动的、具有独立自主性的“深海房屋”，配备混合动力发动机，内部分为两个不同的活动区：一个配备与大气压相同的气压，供航行编队使用，另一个舱室配备高气压，供执行各类深海潜水任务的潜水员编队使用，让他们在气压饱和的状态下在这个舱室里面生活。这个实验室从1968年开始动工，在1971年因预算严重超支而被迫中止，那些已经完成的设备就只能存放在位于马赛市埃斯塔克（Estaque）街区的一个仓库里。

11年后，也就是1982年，法国海事技术公司（COMEX）的董事长亨利·热尔曼·德劳兹决定购买“水蛛号”的船体并重新启动该项目。此前，德劳兹在他的几家公司中开发了各种型号的能够干预石油开发开采施工现场的潜艇，但都只是小型机器，只能执行短期任务，且下潜深度十分有限。而这一次对他来说是前所未有的挑战。“水蛛号”长28米，是世界上最大的民用潜艇，能在更深的深海中潜行。

虽说“水蛛号”仍有许多有待解决的技术问题，例如，它的能量存储能力以及它的自主性等，但是在这十年间，潜艇技术飞速发展，“水蛛号”从中受益良多。德劳兹与国家海洋开发中心（Centre national pour l’exploitation des océans，简称CNEXO，这

个中心两年后更名为法国海洋开发研究院，Institut français de recherche pour l' exploitation de la mer，简称IFREMER）一起合作，决定给“水蛛号”配备一个供水面使用的175000瓦柴油发动机、两台75000瓦的斯特林（Stirling）热机和一个低温液氧储存系统。事实证明，这些技术发挥了关键性作用：“水蛛号”拥有相当于传统配备蓄电池的2000吨潜艇的能量储备、可以在水深600米的地方连续潜水20多天以及行进数百海里；高气压生活舱可以容纳6名潜水员，他们可以从潜艇的高压舱出发，在水下450米的地方进行施工。“水蛛号”后来被更名为“萨加号”（SAGA，是 Sous-marin d' assistance à grande autonomie的首字母缩写，意为高度自主支援潜艇），于1987年10月16日在马赛下水，当时的法国总理雅克·希拉克也出席了现场。然而，“萨加号”的职业生涯十分短暂。在工业深度潜水领域，安装在支援舰上的生活舱和“升降机”塔楼已经得到普及。另外，“萨加号”很快就出现了资金问题，法国海洋开发研究院在 1990年决定退出该项目。可能是因为问世的时间太晚了，“萨加号”在执行了一次商业任务后就被束之高阁。

▲（上图）亨利·热尔曼·德劳兹与“萨加号”的模型（前）、“水蛛号”的骨架模型（后）合影，埃斯塔克港，马赛，20世纪 80 年代。

（下图）“萨加号”在马赛海岸航行出海，1987—1990 年。

第六章 新的挑战

“人类所触及的领域，从体量上来看，仅仅是海洋极小的一部分。海洋占据了地球表面的70%的面积，且海底的深度达到了11000米。因此，我们还要继续向前航行！”

——法国海洋开发研究院地中海中心主任
文森特·里戈（Vincent Rigaud）

现代海洋研究工具

在20世纪，全球许多致力于“海洋科学”的研究机构不断发展壮大，与此同时，电子、声学、光学和计算机领域取得的研究进展使科学家们能够发明出更精密的仪器。现在，不管是探索深渊还是太空，人们都可以借助这些仪器来保证样品数据分析的精确性。

如今海洋研究最大的挑战，是如何将不同学科结合在一起，以便更好地理解海洋物理、海洋生物和人类活动之间的关联。

研究的重心仍是水面航行过程中获得的调查结果：与海洋学发展初期一样，科学家们继续测量海水在不同深度时的物理化学参数，采集表层和深层土壤样本，使用不同的方法收集动物标本。温盐深仪（bathysonde）配备电子传感器，可收集并存储不同的信息，例如，水压、温度、盐度和电导率；粒度仪（granulomètre）能够详细记录现存微观颗粒的相关数据，而荧光计（fluorimètre）则可以测量浮游植物的密度；验潮仪（marégraphe）因配备压力传感器，则可以显示海平面的变化，有利于人们了解潮汐现象；声学海流计（courantomètre électroacoustique）则可记录深达1000米处洋流的方向和速度；配备钳口或岩心筒 的抓斗 可以采集海

粒度仪：是用物理的方法测试固体颗粒的大小和分布的一种仪器。

荧光计：又称荧光检测仪。

验潮仪：观测潮汐涨落高度的仪器，又称水位计。

岩心筒：取心钻具中容纳岩心的部件，岩心筒下部与钻头相连接，上部接钻铤或钻杆。

抓斗：指起重机抓取货物的专用工具。

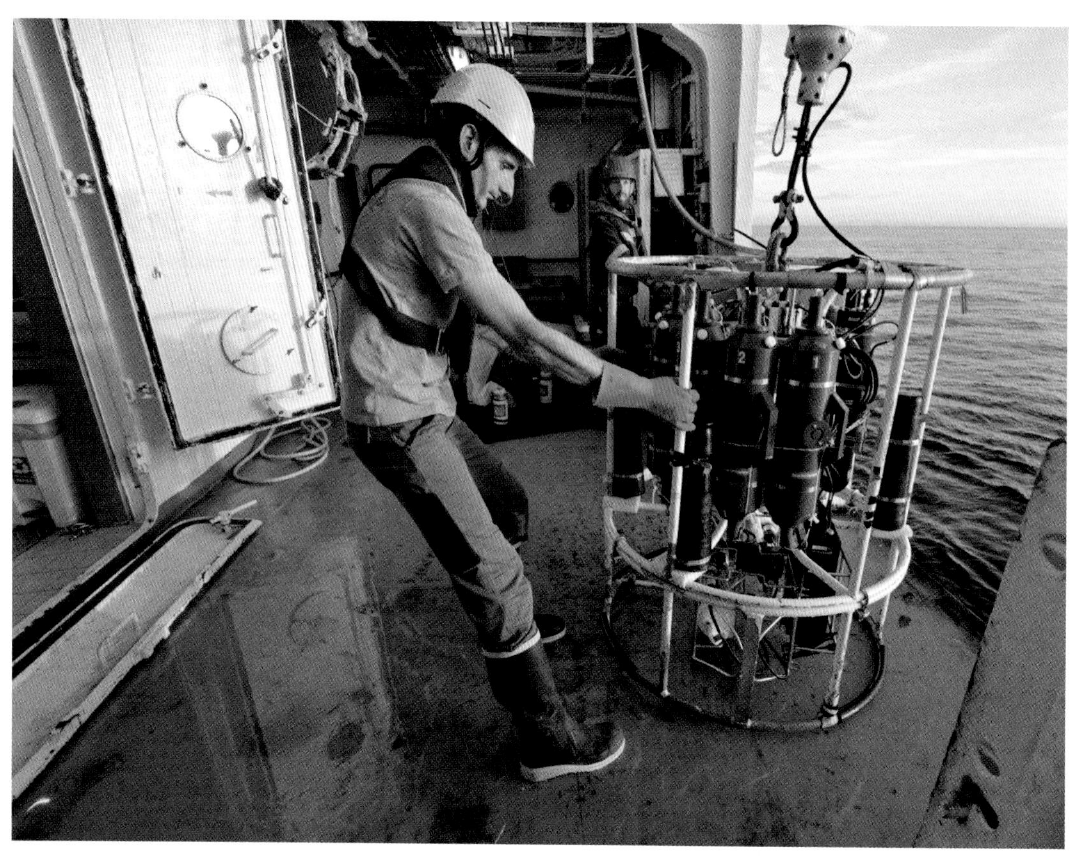

▲ 温盐深仪（因其形状又被称为玫瑰结），可用于测量水下7000米深处的水温、电导率和水压情况。每个采样瓶都通过程序编码控制，会在不同的水深下启动或关闭装置。照片拍摄于2019年。

洋沉积物的样本，能够提供有关深层土壤资源以及地球、动物群或气候演变的宝贵信息；而声学测深仪或声呐可用于测量水下深度并显示水下地形，其中声学测深的多波束测深（multifaisceaux）方法甚至可以实时建立三维地形图。

自20世纪70年代起，卫星观测开始为海洋研究提供强大的数据支持，包括大面积的海面情况监测图、高频的实时温度、盐度和洋流运动的动态监测信息。卫星图用颜色来突出变化和差异，能够揭示生物量和成百上千的浮游微生物的活动。

在深海中收集的众多数据，可以通过放置在海底选定地点的自动设备或者通过随洋流漂浮的阿尔戈浮标

“水体有什么样的运动规律？水流又如何运动呢？水流的温度是多少？海水的盐度呢？化学成分又是什么？海水有个特点叫作海洋层结[1]，各个层次不停地在移动和变化……所有问题都非常复杂，这就是海洋生物因地而异的原因。”

——法国国家自然历史博物馆馆长
布鲁诺·戴维（Bruno David）

（1）海洋层结：指海水的密度、温度、盐度等热力学状态参数随深度分布的层次结构，通常尤指铅直尺度不小于常规海洋学观测层次间距的层次结构。

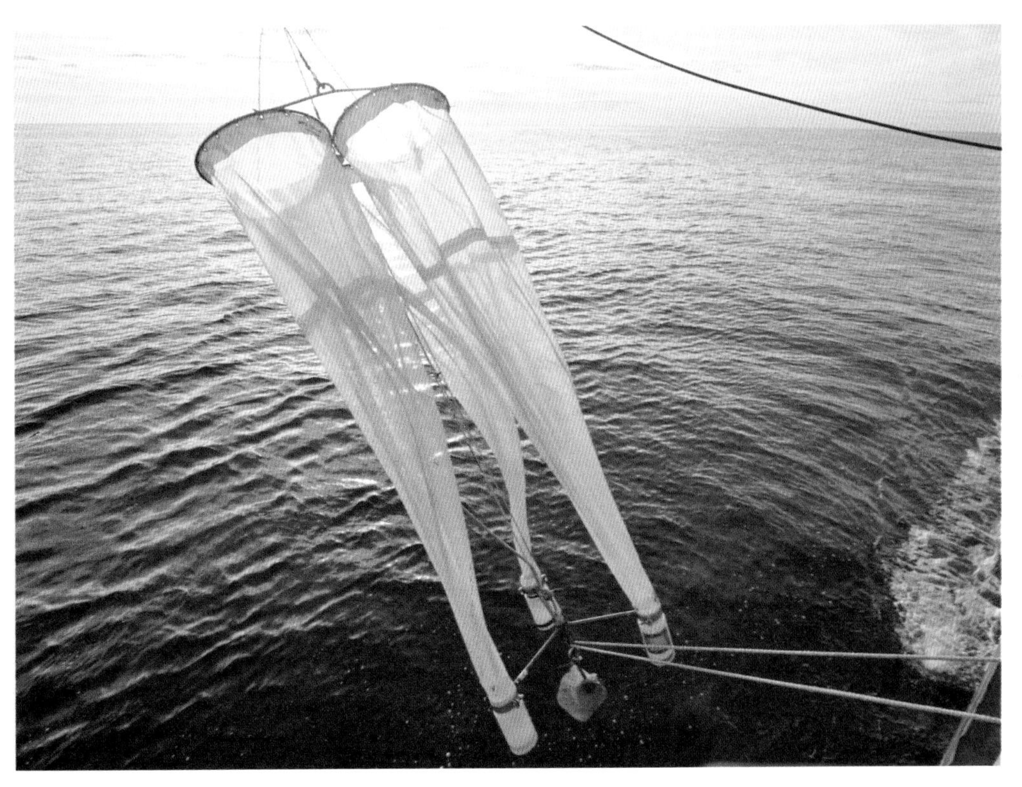

▲ 漂流在海面上的浮标可以根据设定的程序，自动测量从海面到 2 000 米水深之间的海水温度和盐度，并把测量结果定期传送给卫星。2016 年拍摄于大西洋。

◀ 垂直摆放的浮游生物网，2019 年。

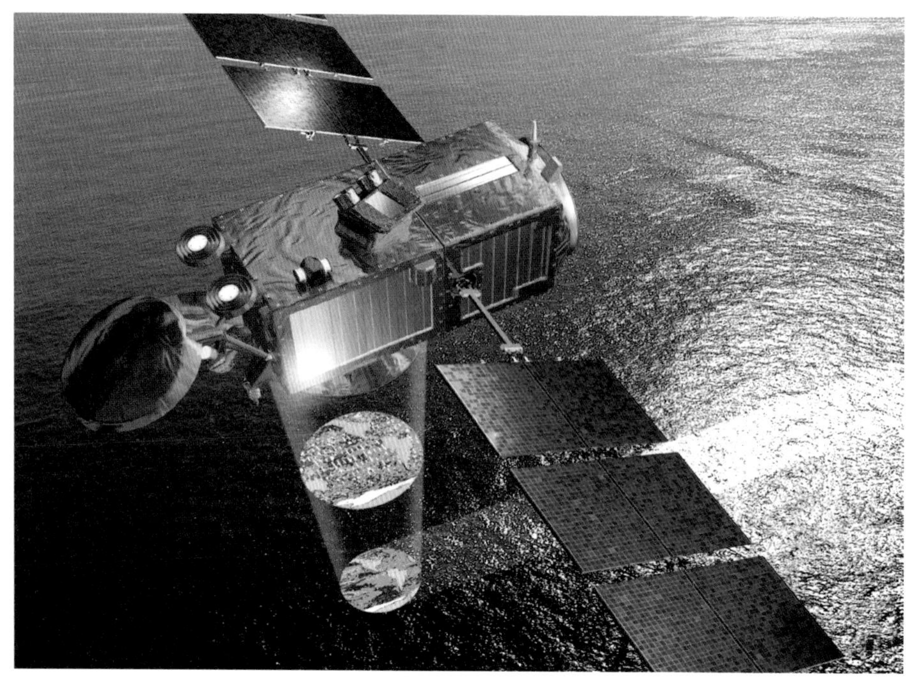

（Argo）[1]群进行传输。这种浮标可以在从海面到海底数千米的位置进行数据测量。同样，许多的浮标、传感器甚至摄像头会被安装在一些海洋动物身上；通过卫星转载的信息，人们可以获得关于海洋生物的生存环境、觅食区域甚至是迁徙奥秘的详细记录。

所有连续、实时记录的物理、化学和生物数据最终生成三维数值模型，能够预测短期或中期，甚至是长达数周的各种参数的变化趋势。

这样的海洋学被称为“可操作的”海洋学，如同气象学一样，能为航行安全、海上基础设施建设以及生态系统和海洋资源的管理提供宝贵的信息。

而从长远来看，其他模型更关注海洋与气候的关联；这一新的研究领域对于预测、适应和努力减少气候变化起着至关重要的作用。

尽管人们投入了大量的技术和资金支持，海洋探索仍是一个艰巨的任务。科学家估计，海洋中仍有90%的生物以及99%的细菌类微生物尚未被发现。广袤的深海对人类来说还蒙着神秘的面纱：迄今为止，仅有10%的海底有详细制图！但是人类活动对海洋环境的影响却在不断加深，全球变暖、污染和资源过度开发都对海洋造成了巨大的威胁。如果我们想保持海洋的生命力和生物多样性，就需要更加深入地了解海洋的运动规律。

1） 阿尔戈浮标指：用于建立全球海洋观测网的一种专用测量设备。

▲ 2013 年“贾森 -3 号”（Jason 3）海洋学卫星的示意图。它的任务是实现连续精准地测量洋流和海平面的变化。

◀ 法国海洋开发研究院开发的自主底栖研究站，用于长期观察沉积岩层的变化。同时，这个研究站配备传感器，可以测量甲烷、溶解氧、浊度和温度等各种物理化学参数。大西洋，2017 年。

Ifremer
MARINE
NATIONALE

从法国海洋开发研究院“决心号”（Pourquoi pas ）科考船上下水的“鹦鹉螺号”潜艇。地中海，2017 年。

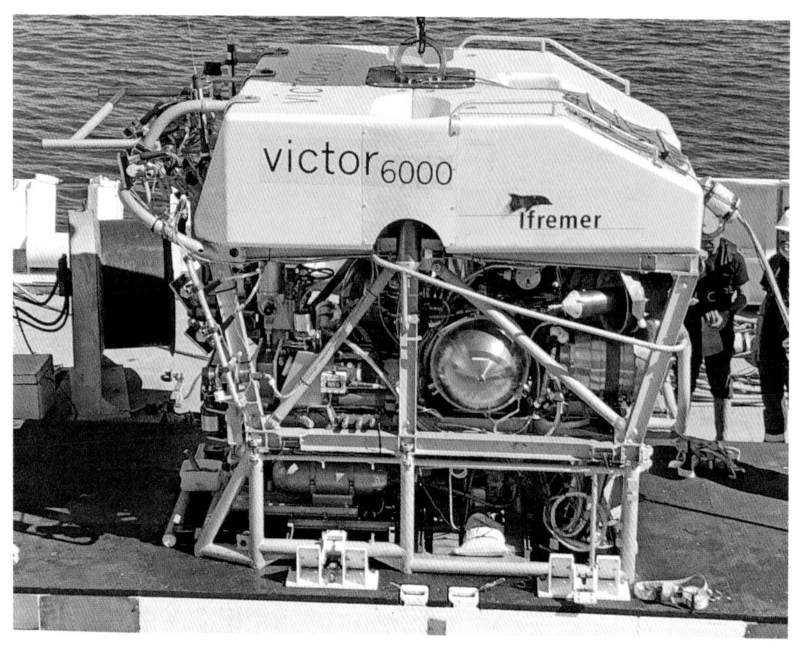

◀ 法国海洋开发研究院的水下遥控机器人（ROV）“深潜6000号”（Victor 6000），于1999年开始投入使用，可在水下6000米执行观察和行动任务，仍是通过一条8000米长的电缆与支援舰相连来实现20kW的电力供给。

▶ 美国国家海洋和大气管理局（National Oceanic and Atmospheric Administration，简称NOAA）的遥控机器人“深海发现者号”（Deep Discoverer）在美国“大洋神探索者号”（Okeanos Explorer）甲板上，2019年。

水下遥控机器人

现在，水下工作的遥控机器人（remotely operated vehicles，简称 ROV）已经得到广泛应用。这些机器人配备了高清摄像头和强大的投影仪，这些科学技术的结晶是观察深海生态系统的绝佳工具。尽管它们可能会重达几吨，但是也比潜艇的运输和下水更方便，更别说它们可以在水下停留长达几天的时间。飞行员和科学家只需要轻轻松松地待在控制室中，便能够指挥机器人在水下的活动，他们不仅可以直接在监视器上看到回传的图像，还可以远程操纵机器人的“手臂”来选择采集的样本。唯一的不足在于这些机器人需要通过电缆与船舶连接，好为水下的活动和信息传输提供足够的电力。这也就限制了机器人的活动范围，同时在行动时也需要非常的小心，以防陷入各种潜在的危险。

这些机器人帮助人类揭开了深海的面纱。在此之前，海洋中的许多物种仅仅是被打捞上甲板，然后它们的尸体被制成了标本保存在罐子里，但深海遥控机器人所捕捉到的影像，不管是照片还是录像，都能帮助人类最终找到海底生物的栖息地。即使机器人无法捕捉到相关信息，科学家们仍可通过收集生物在环境中遗留的脱氧核糖核酸（DNA）片段[1]，然后通过基因测序与已知的生物基因库比较，以识别出各个物种。要达到此目的，科学家需要收集大量的海水样本，过滤收集水中的所有生物组织，包括细小的皮肤组织碎片、黏液、排泄物，寻找生物的DNA片段，这个工作流程倒是和法医有诸多相似之处。这种简单的生物分布定

1 脱氧核糖核酸：英文缩写DNA，携带有合成RNA和蛋白质所必需的遗传信息，是生物体发育和正常运作必不可少的生物大分子。与基因的关系：基因是有效遗传的DNA片段。

位方法有助于绘制出生态系统物种多样性的分布图。

从21世纪初开始，新一代机器人已经能够覆盖较大的地理区域。这些自主水下航行器（autonomous underwater vehicles，简称 AUV）通过电池供电，无须再与船体连接。它们有着鱼雷状的外形，能够实现完全自主的移动，活动范围的半径可达100千米，有些型号的机器人潜水深度可达6000米。它们可通过程序设定完成多项科研任务，尤其是在测量水深时，

“科学家们控制并使用这些机器人来提高在海底活动和探索的能力。”

——法国海洋开发研究院地中海中心负责人
文森特·里戈

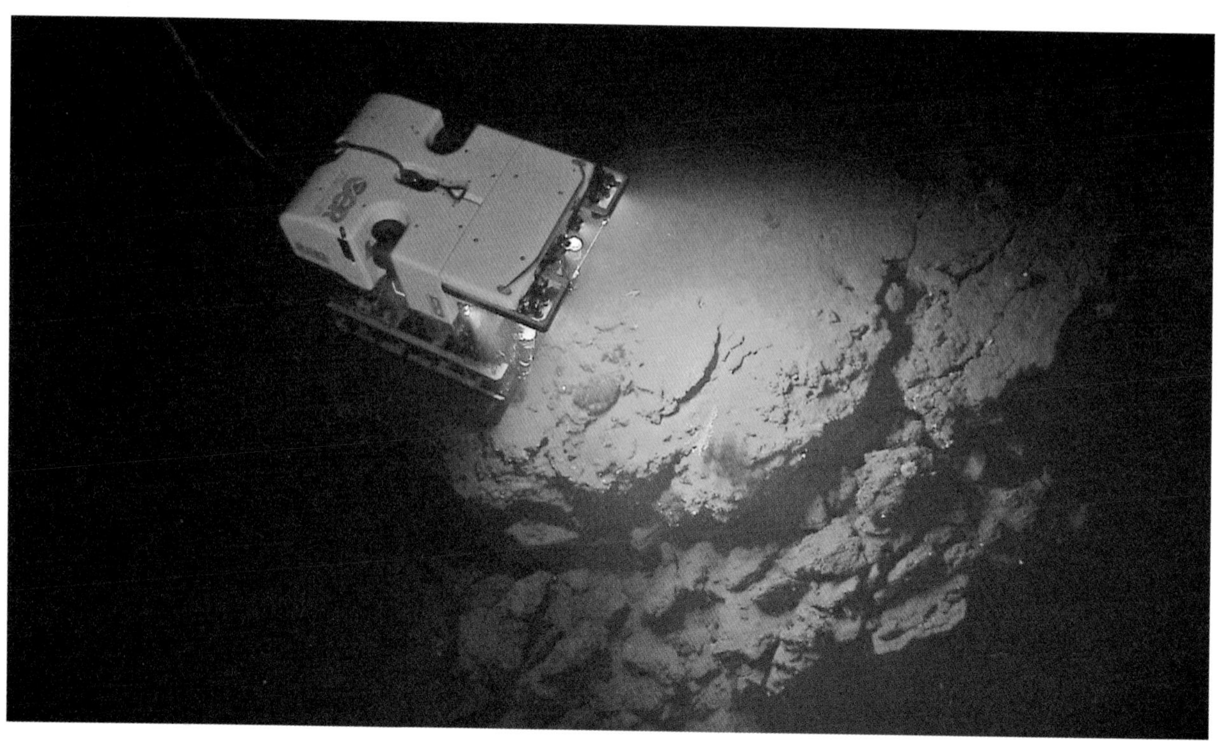

“在探照灯的探照范围外，海底世界一片漆黑。我们聚精会神地凝视光线投射的地方，在某一瞬间，我们第一次看到海底生命的痕迹。控制室里的所有人都看呆了，为之震惊……”

——法国海洋开发研究院环境资源实验室的海洋学家玛丽－克莱尔·法布里（Marie-Claire Fabri）

▲（上图）美国国家海洋和大气管理局的遥控机器人“深海发现者号”在尼格伦峡谷（Nygren Canyon）水深600至900米的区域活动。大西洋，美国东海岸，2013年。

（左下）美国国家海洋和大气管理局的操作员和科学家在控制室内指挥遥控机器人的水下活动，2019年。

（右下）美国国家海洋和大气管理局的遥控机器人“赫拉克勒斯号”（Hercules）在新英格兰海下的高地上进行珊瑚采样。大西洋，美国东海岸，2004年。

▲遥控机器人拍摄的管水母[1](Siphonophorae)。太平洋，马里亚纳海沟，2016年。

◀北方太平洋谷蛸[2]（Graneledone boreopacifica），通过遥控机器人于水下1461米处拍摄。太平洋，美国西海岸，2002年。

1 管水母属于腔肠动物门（又叫刺胞动物，包括水母、水螅、海葵和珊瑚），它是水螅虫纲的一目。

2 北方太平洋谷蛸，章鱼的一种。

◀ 法国海洋开发研究院研发的自主水下航行器“阿斯特X号”（Asterx），用于执行大陆边缘和大陆架的科研任务，下潜深度最深可达水下2850米。地中海，2005年。

通过配备高精度传感器，它们能够感应到水下地形中任何一处细微的变化。

2010年前后，水面无人驾驶船舶也问世了。这些船舶长达20米，能依靠太阳能或帆板真正实现自主航行，由一名操作员通过电脑远程控制，在海洋中奋力工作数月。同样地，这些无人驾驶船舶需要承担多重任务：在水面上下进行各种物理化学测量以研究海洋与大气之间的相互作用，进行高精度的水深测量，甚至通过水听器[1]监测动物活动。

“是的，这些机器人是由地面操控的，冒险的气息似乎少了一些……但这些图像仍让我觉得恍如梦境，因为以往只能在科幻小说中才能看到小飞象章鱼这样的深海生物。

当画面停止时，你会情不自禁地自言自语：‘它真的存在吗？’”

——生物学家、摄影师洛朗·巴列斯塔（Laurent Ballesta）

[1] 水听器：将声信号转换成电信号的换能器，用来接收水中的声信号，称为接收换能器，也常称为水听器。水听器广泛用于水中通信、探洲、目标定位、跟踪等，是声呐的重要部件，水下的探测、识别、通信，以及海洋环境监测和海洋资源的开发，都离不开水声换能器。

▲ 混合型遥控机器人“阿丽亚娜号”（Ariane）从法国海洋开发研究院的船只“安提号”（Antea）下水，布雷斯特港，2018年。“阿丽亚娜号”是混合型无人遥控潜水器，可在水下100米至2500米范围内工作，工作模式包括有线或完全自主模式。

◀ 小飞象章鱼（Grimpoteuthis）（通常称为“有耳章鱼”），遥控机器人拍摄。墨西哥湾，2014年。

▶ 雅克-伊夫·库斯托的短片《沉船》的海报，电影于1943年在马赛和圣特罗佩进行拍摄。“沉船，是人类不安现状的见证，也同样是他们骄傲梦想的印记。”（摘自电影评论）

“世界上最大的博物馆”

1943年，为了短片《沉船》（*Épaves*）的拍摄，雅克-伊夫·库斯托、菲利普·泰利兹和弗雷德里克·杜马斯探索了地中海沿岸几座沉没在水下的建筑的结构。他们穿戴着第一代“库斯托-加尼昂”自主潜水服，展示了未来水下考古研究的巨大可能性。水下考古这门学科尚处于起步阶段，因为直到20世纪初人们才意识到沉船的历史价值。自古以来，人们只对沉船侧翼掉落的财物感兴趣，例如，钱币、金锭和雕像，而它们也常常是寻宝者和私人收藏家争抢的对象。

对水下宝藏的追寻反而刺激了技术的创新：早在罗马时代，人们就开始闭气潜水，随后出现了古老的潜水钟，接着人们又发明了笨重僵硬的潜水服。

在打捞作业期间，常常会使用炸药，即便这意味着将会严重损坏船体。1932年，一艘埃及的班轮沉没在布列塔尼海岸130米的海深处，意大利公司索里玛（Sorima）为了能强行进入船体，回收船上的8吨黄金和40吨白银，毫不犹豫地炸毁了一座接一座的桥梁！

然而，自从1907年阿尔弗雷德·梅林（Alfred Merlin）在突尼斯对“马赫迪耶号”（Mahdia）沉船进行挖掘后，人们对水下宝藏的观念逐渐发生了变化。从20世纪40年代末开始，水肺潜水服给人类打开了一个新的世界，考古学家开始接受潜水训练，并亲自在水下进行研究。

几年后，机动潜水器的发展极大程度上扩展了可活动范围，人们能够进入海底更深处进行探索和观察。

“人类历史上产生的几乎所有东西都总有一天会出现在船上，通过海上传播，并且‘多亏’了海神尼普顿①和风神埃俄罗斯②，这些沉没的商品最终将在海底被发现。如今的大海也因此成为世界上最大的博物馆，而考古领域最伟大的发现也同样来自大海。”

——水下考古研究中心前主任
米歇尔·莱尔（Michel L’Hour）

▼水下考古研究中心的遥控机器人“珀尔修斯号”（Perseo）在距阿勒里亚（Aléria）海面下350米处观察2世纪的古迹。科西嘉岛，2013—2016年。

① 海神尼普顿：罗马神话中的海神。
② 风神埃俄罗斯：希腊神话中的风神。

“在我职业生涯工作初期，每当我们谈论起深海中的残骸时，我们都会认为它们是人类保护得极好的秘密仓库，我们会说道：‘等我们长大的那天，我们会去看看！’如今，我们的机器人能够在更大程度上模仿人类的行为，很快，我们就能在水下2000米处持续工作而不需要受到时间的限制，不像当时的我，只能背着个罐子在水下20至30米处活动。”

——水下考古研究中心的前主任
米歇尔·莱尔

另一方面，遥控机器人在水下挖掘作业中起着重要的作用，甚至能取代人类在水深超过十几米的水下作业。借助磁力计和探测声呐，遥控机器人能轻而易举地定位到沉船所在的位置并侦测附近的海底情况；它们借助图像和影像设备开展探索工作，甚至还能制作三维模型。同时最新一代的机器人也配备了越来越多精巧的零配件，来提高收集样本时的精确性。水下考古研究中心（Département des recherches archéologiques subaquatiques et sousmarines，简称 DRASSM）甚至利用人形机器人来参与测试，并将其命名为“海洋一号”（Ocean One）。该机器人由加利福尼亚斯坦福大学实验室的乌萨马·哈提卜（Oussama Khatib）教授团队开发。同时，借助触觉技术，这个“虚拟的人”可以向在控制室里的飞行员传递不同物体、不同接触面的物理接触的感觉，从而使人类可以直观地感受，且远程控制，进行精细的操作。

与生物学家类似，考古学家也可以从事更多的水下工作，不受水域和深海的限制。

▲ 人形机器人“海洋一号”于2016年在军舰“月球号”（La Lune）的残骸现场进行测试工作，该军舰于1664年在土伦海岸附近水下90米深的地方沉没。

人类新的探索

如今的深海已经被小型潜艇和机器人装置所占领，不过，人类自身对深海的探索仍在继续，当然这要归功于少数的深海爱好者。休闲性的潜水活动起源于20世纪50年代和60年代，由几个主要的国家性或国际性组织开展，例如，世界水中运动联合会（Confédération mondiale des activités Subaquatiques，简称世界潜联 CMAS）、国际专业潜水培训协会（Professional Association of Diving Instructors，简称 PADI），但也只限于水下60米深的供气式潜水。

20世纪 80年代，美国和欧洲的一部分爱好者决定打破这些规则，去探索深海中的沉船或被淹没的洞穴；因此他们根据专业的生理学潜水模型，发明了一种使用混合气体的新型潜水装备，也被称为“技术潜水”。这种潜水装备配备了传统的水肺潜水服和几个用来提供不同的混合气体的瓶子。其中，第一个瓶子装满氦气，用于潜水阶段调节潜水深度；第二个装满氧气，用于最后上浮阶段的加速减压。该装备简单却笨重，往往需要准备多个气瓶以备不时之需。然而这种潜水装备

“一切都起源于海洋：一个地方，一个物种……一般来说，如果深海难以接近，人们就会在潜水上不断挑战：如何潜入更深的海域？如何在水下潜得更久？要想抵御更加冰冷的海水，我们该怎么办？”

——生物学家、摄影师
洛朗·巴列斯塔

▲ 一名技术人员在使用混合气体进行减压。大西洋，北卡罗来纳海岸（la Caroline du Nord），美国，1996 年。

▶ 洛朗·巴列斯塔和他的团队在水深 120 米处与腔棘鱼的“会面”。印度洋，索德瓦纳湾（baie de Sodwana），南非，2013 年。

“突然之间，我们有了难得的等待的时间。即便水压在不断增强，我们也开始能够拥有那种奢侈的耐心，等待合适的光线、等待生物的变化、等待获取我们需要的信息，而不是这样简单地窃取了几张海底图像就溜之大吉！我认为下一个需要攻克的问题是时间，而不是海洋的深度。能够自由活动对潜水员来说也意义重大！这让我勾画出了未来的潜水蓝图，也许库斯托少校会用这种方法在世界各地再次进行冒险，想想就令人兴奋。”

——生物学家、摄影师
洛朗·巴列斯塔

对潜水员的要求非常严格，气体和设备的准备过程需要十分谨慎，潜水时也需要非常注重浮力的调整和时机的把握。

20世纪 90年代，人们还发明了新型的循环呼吸器，它能非常好地提高人类水下活动的自主性，因为借助电脑集成技术，循环呼吸器能够自动持续不断地调节吸入的混合气体中氧气的含量。21世纪初，全世界范围内有数百人采用了这种潜水装备，抵达水下150米的深度已经不是稀罕事。不过，该装置也有一个不便之处，即潜水员为了在水底待几分钟，需要付出数小时的减压时间！

所有技术的进步也推动着科学发展。从20世纪90年代起，博物学家理查德·派尔（Richard Pyle）就在开辟一条新的道路：他自己带着循环呼吸器去研究深海中的珊瑚生态群。生物学家兼摄影师洛朗·巴列斯塔也在他之后定期进行探险活动，挑战人类潜水的极限。

2013年，巴列斯塔的团队成功地在南非水下120米深的地方观察并拍摄到了地球上最古老的鱼类：腔棘鱼[1]。2019年，巴列斯塔将循环呼吸器和供气式潜水结合起来。此前，军事和海上石油业都需要利用重型设备才能实现供气式潜水，十分不便。在将近一个月的时间里，潜水员们待在驳船上的高压舱中，每天通过升降机来实现他们的深海之行。他们在深海中潜水数小时，无须任何绳索连接，最深可达水下 140米。“对我来说，这是一番新景象，给人新的希冀。”他说道，“还有很多的东西有待发现。有点像一朵生长在山顶上的兰花……也许它的美丽不是因为花朵本身，而仅仅是因为它就生长在山顶！”

[1] 腔棘鱼：很古老的鱼种，可追溯到 4 亿年前。腔棘鱼曾经被认为已经灭绝，不过人们于1938 年重新发现了它们的踪迹。

▲ 2019 年，在洛朗·巴列斯塔率领的为期一个月的地中海潜水研究中，使用供气式潜水的人员聚集在升降机周围。

雅克·鲁热力（Jacques Rougerie）和他的“梅里安”海洋发展愿景

自海洋学诞生以来，探险家和科学家们不断地刷新我们对海洋这一片静谧的世界的认知。在设计过诸多水下观察站的建筑师雅克·鲁热力看来，这些探险家和科学家们知晓如何脱下普通的衣服，穿上“梅里安”潜水服。生活在海洋中、理解海洋、尊重海洋是鲁热力的理念不可分割的基础。对于他来说，人类必须学会重新定义与原始水生环境的关系，在尊重其可持续发展要求的同时，发掘海洋的美和多样性。

> “我们这群人聚集在一起的初心是对海洋环境的尊重。但是前提是我们能够在海洋环境中生存下去。当你有机会像我一样，在深海中长期生活，你会意识到这是一种独一无二的体验。当我们有幸在此生活，我们将怀揣这种不一般的心情，待在深海深处。”
>
> ——建筑师、海洋学家
> 雅克·鲁热力

雅克·鲁热力的作品以形式大胆而著称，且深受海洋生物的启发。“达·芬奇是我的启蒙老师，”他解释说，“他比任何人都先一步领略到大自然的奥妙，他甚至对他的学生说过，‘去大自然中学习吧！’所以，我听从了他的话。这就是我展开想象的方式。”在这种深入自然的“梅里安”海洋发展愿景的推动下，他的作品帮助人类体验海洋世界，由浅入深，从而让人类进入进化的新阶段，这是十分难能可贵的。

滨海布洛涅（Boulogne-sur-Mer）、布雷斯特（Brest）和鲁西隆地区卡内（Canet-en-Roussillon）这几个地区的水族馆走出了第一步：“海卫星号”（Aquaspace）水族馆面向公众开放，这是一艘具有可视船体和可变漂浮装置的三体船，主要用于海底动植物的观察；“加拉西娅号”（Galathée）是一个半移动的实验室栖息地，可以漂浮在水深达60米的两个水域之间，且不会对海底产生任何影响；而“水球号”（Aquabulle）则是一个水下避难所，既是减压室，又是一个迷你科学天文台……还有一些其他较为长远的方案仍停留在构思阶段，例如，一处于1973年设计的水下村庄，可作为美国航天员的培训基地，同时也作为开发公海水产养殖技术的实验场所。

多年来，雅克·鲁热力一直构思着一款名叫“海洋轨道器号”（Sea Orbiter）的海洋科研船。在他的构想中，这条船可以依靠风力和水力驱动，环游世界。这艘现代版的“鹦鹉螺号”船体长约50米，设计上追求融入海洋、成为海洋的一部分，船员对船上的构造一目了然，能让船员持续、快速地监测船的情况。此外，这艘船还能够加入“梅里安”海洋城市群（Cité des Mériens），成为其中的移动城市之一。而“梅里安”海洋城市群则是关于一个完全自主的悬浮在海上的科研城市的构思，该城市群通过可再生海洋能源供给动力，且能够容纳7000多人……

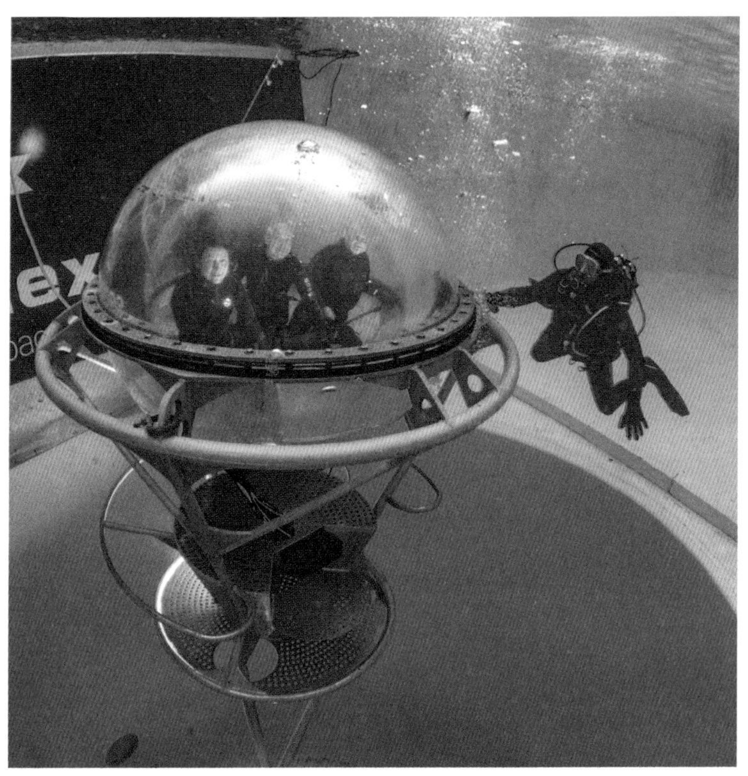

▲ “尚普兰号”(Le Champlain)游轮上，雅克·鲁热力在他设计的代号为“蓝眼”（Blue Eye）的休息室中休息。得益于船体下集成的舷窗和水听器的组合装置，这个空间能为乘客提供对于海底世界的多重感官的体验。

◀ 亚历山德拉·奥本海姆·德劳兹（Alexandra Oppenheim-Delauze）、雅克·鲁热力和奥利维耶·迪福尔诺（Olivier Dufourneaud）在法国海事技术公司测试基地的“水球号”潜水器上拍摄的照片。马赛、罗讷河口，2019年。

“水球号”于1978年首次下水，可在0～30米的水深范围内工作。

▲（上图）"海洋轨道器号"，科研船和水下多学科实验室项目。重达1 000吨，高51米，其中31米在水下，能够搭载18名船员，高压舱可以同时容纳6人，并在工作时与外界保持通信。

（下图）雅克 · 鲁热力，建筑师、海洋学家。巴黎，2020年。

“‘海洋轨道器号’就像在海洋流域中站立的哨兵，肩负科学、教育和交流的使命，为人类伟大的冒险活动提供支持，正如过去几个世纪中伟大的海洋科学考察活动一样。”

——建筑师、海洋学家
雅克·鲁热力

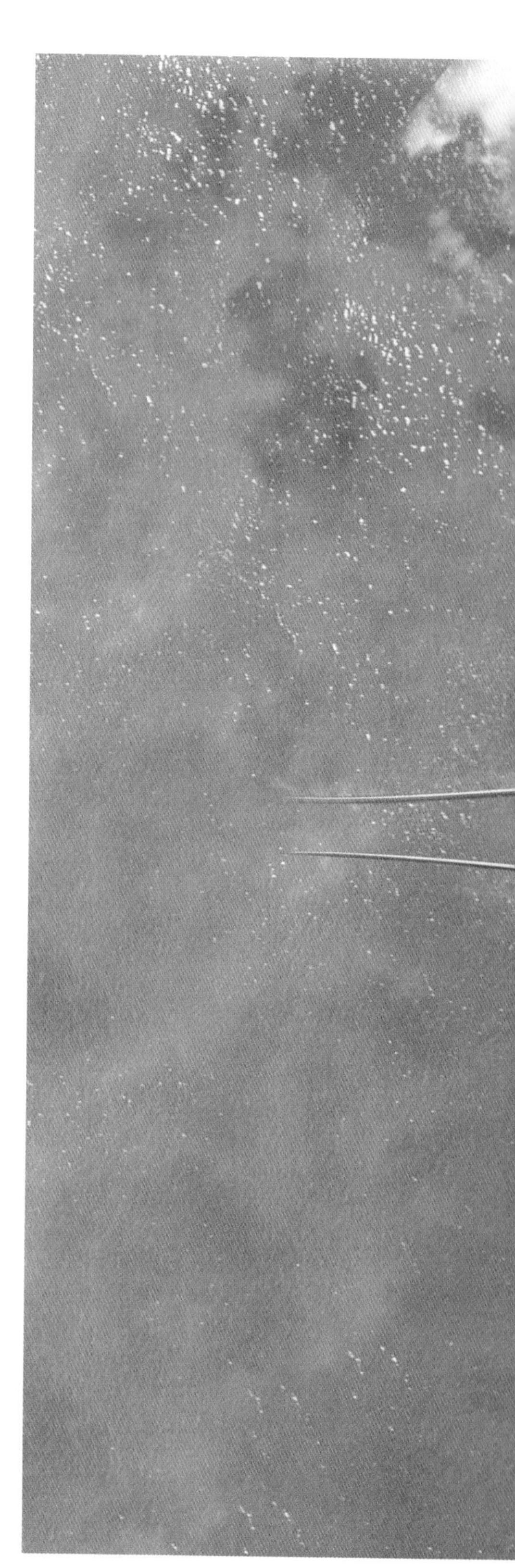

“我完全认同‘梅里安’海洋城市群这样的部落形式，这是一种直觉，我们可以感受到这就是生命的起源，一切都源自大海，未来就藏在人类活动和海洋生态的平衡里，这一切都尚待发掘。海洋拥有巨大的潜力，我们更加需要保护海洋，因为未来的许多资源都将来源于海洋。”

——建筑师、海洋学家
雅克 · 鲁热力

▲ 雅克 · 鲁热力于1973年设计的水下村庄，现仍处于构思阶段。该村庄计划沉入加勒比海美属维尔京群岛海域的水下30至40米处，可容纳50至250名居民。

► “梅里安”海洋城市群是一个漂浮在海面的科研城项目，长900米，宽500米，高60米。科研城里包含水产养殖场和温室种植室，还计划在城市内部礁湖中容纳几艘海洋考察船只，例如，“海洋轨道器号”。

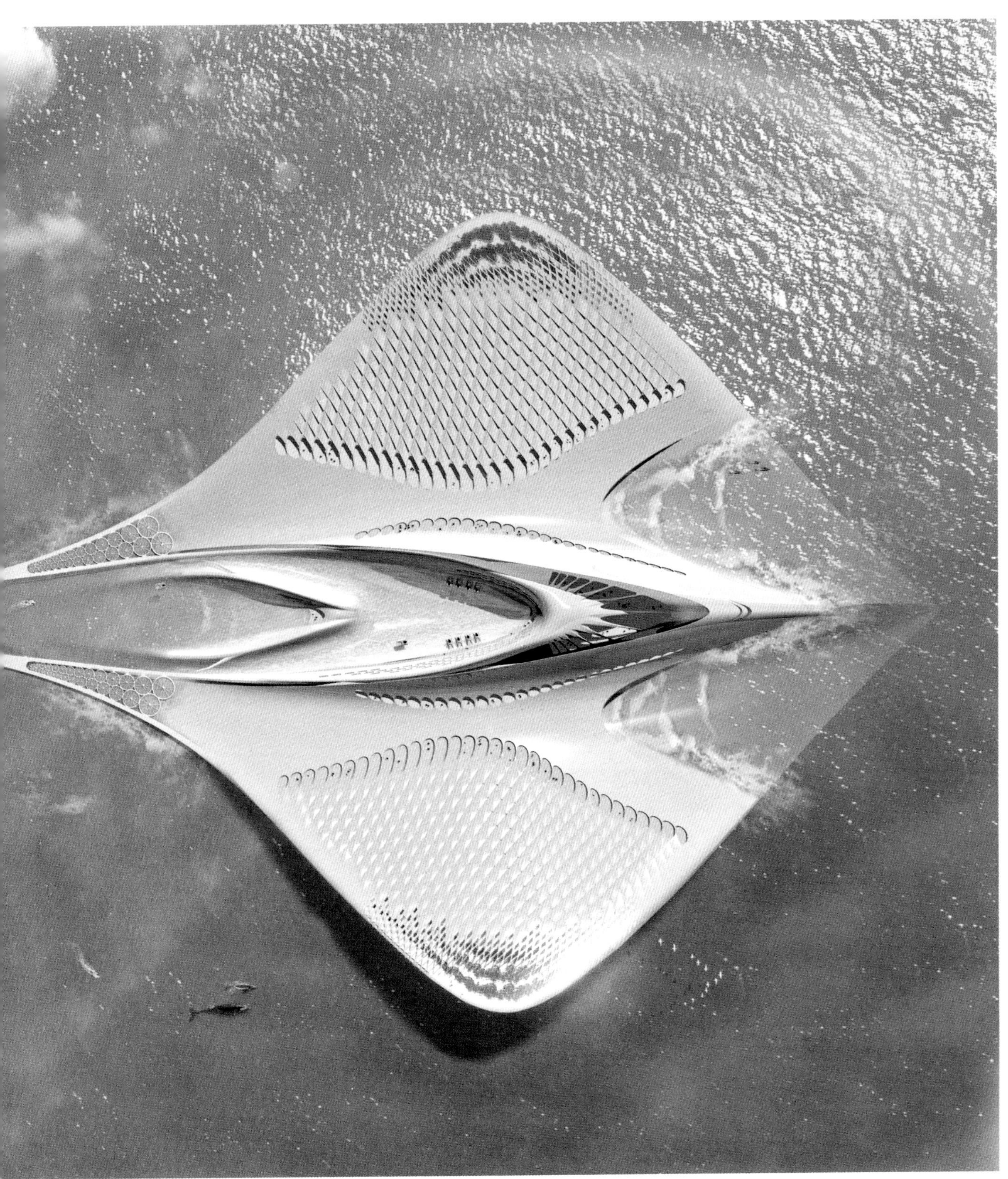

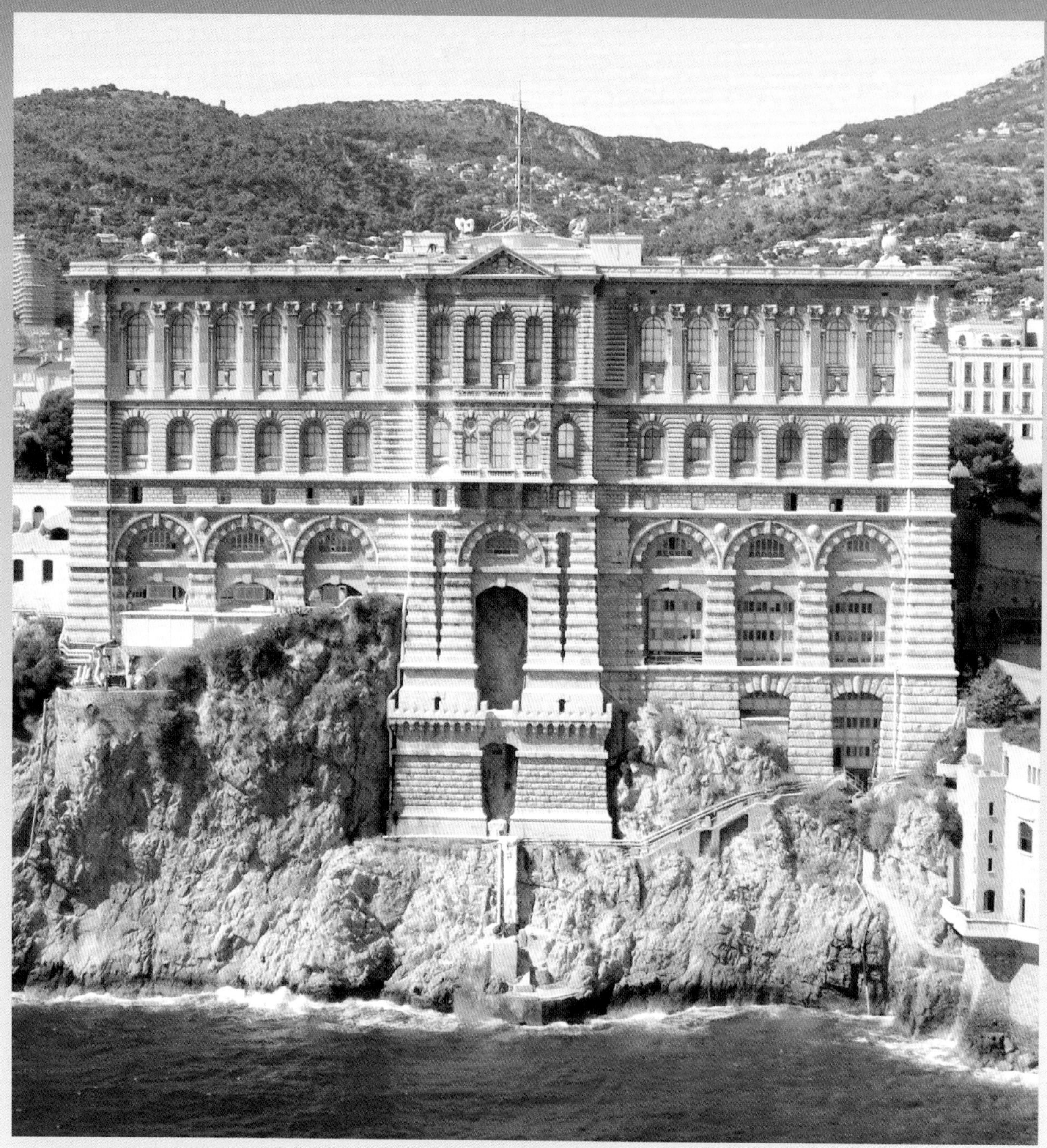

摩纳哥海洋博物馆正面，于海上拍摄。

第七章 海洋神庙：摩纳哥海洋博物馆

“在海洋学领域，人们如今已经拥有探索深海的舰队、探究奥秘的学者、能培育专家学者和传播学说的学术平台。在这里，先生们，正如你们所见，摩纳哥的土地上已经出现了一座令人骄傲且不可侵犯的神殿，一座献给统治智慧的新神的神庙。”

——摩纳哥亲王阿尔贝一世

阿尔贝一世亲王的这段话发表于1910年3月29日，他知道他刚刚为海洋学提供了一个特别的场所，在铭记海洋学先驱者的同时，也能提高海洋学的影响力，那就是摩纳哥海洋博物馆。该博物馆由格里马尔迪（Grimaldi）的建筑师保罗·德勒福特里（Paul Delefortrie）设计，整个工程的建设历时11年。这座巨大的建筑建在岩石的一侧，它的地基几乎延伸到地中海。阿尔贝一世亲王这位航海君主期望着这座海洋神庙“能同时汇聚艺术和科学这两股文明的力量”。整栋建筑，不管是在外观上还是在提供给游客的各种展览厅，都用多种多样的装饰物呈现了最新的发现，并展示了海底世界的丰富多彩。

▲ 位于入口两侧的两座雕塑是古斯塔夫·杜萨特（Gustave Dussart）的作品，代表着“拯救人类”的进步和“向世界揭示科学力量”的真理。

▼ 入口大门横梁的装饰品：经过捶打的铜质徽章，空心铜质的章鱼触手，镀金铜质的水母环绕徽章。

▲ 第一批进行海洋科学考察的先驱船只的名字雕刻在摩纳哥海洋博物馆的北立面。在东侧，有俄罗斯的“勇士号”（Vitiaz）、比利时的“贝尔吉卡号”（Belgica）、法国的“护身符号”（Talisman）和德国的“瓦尔迪维亚号”（Valdivia）的名字。

◀ 北立面一处的船头风格的装饰。

海洋博物馆位于岩石的一侧，尽可能地保留了周围的花园，并与地中海形成了一种特别的呼应。

▲ 海神尼普顿位于一个巨大的大门的顶部，注视着摩纳哥海洋博物馆的游客。

◀ 带有螃蟹镶嵌画的地砖特写，位于二楼的楼梯平台的地板上。

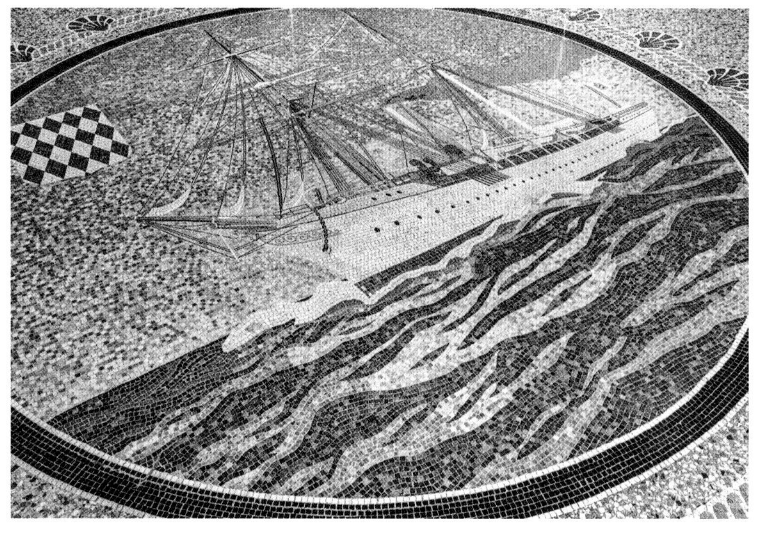

▲巨型鱿鱼的复制品，悬挂在“荣誉”楼梯的天花板上。

◀入口大厅地砖的特写。砖上画的是“爱丽丝公主2号”，阿尔贝一世亲王在摩纳哥海洋博物馆落成典礼时使用的科考船。

▶ 阿尔贝一世亲王倚靠在扶手上的雕像，出自丹尼斯·普埃奇（Denys Puech）之手，位于摩纳哥海洋博物馆内"荣誉厅"的中心。

▲ 摩纳哥海洋博物馆会议室天花板的特写，展示了顶部的吊灯和绘画，其设计灵感来自海洋生物和航海。

▲ 摩纳哥海洋博物馆会议室的讲台。中间是格里马尔迪的徽章。

▲ “海洋狂热粉”(Oceanomania)是“最大的海洋世界奇幻之窗”，由纽约艺术家马克·迪翁（Mark Dion）于2011年在摩纳哥海洋博物馆的藏品基础上创作。

► “海洋世界奇幻之窗”的特写，特别展示了阿尔贝一世的半身像以及“卡吕普索号”、深海潜水艇“阿基米德号”的模型。

S.A.S. LE PRINCE
ALBERT DE MONACO

LE PRINCE
ALBERT Ier

◀ “摩纳哥与海洋”展厅(Espace Monaco et l’ Océan)， 于2018年根据“历史”展厅的空间设计。它向世人展示摩纳哥亲王对海洋世界的认识和保护的承诺。

▲ 巴黎海洋研究所的立面，1911 年 1 月 23 日由阿尔贝一世亲王和法兰西共和国总统阿尔芒·法利埃为其举行揭幕仪式。除了摩纳哥海洋博物馆，该研究所也作为世界各地的学生和学者的教学、研究和交流场所。它现在更名为“海洋之家”（Maison de l' Océan）。

▲ “海洋之家”的大型阶梯教室，有着路易·蒂奈尔（Louis Tinayre）绘制的大幅装饰壁画，描绘了阿尔贝一世亲王的航海科学考察活动。蒂奈尔也参与其中并对收集的物种以及船上的风景和生活进行详细的记录。

致谢

我要将此书献给贾默科，因为他能使我对海洋感兴趣。在整理摩纳哥的阿尔贝一世的资料这一工作中，也是他激励着我。我想拍一部电影，写一本关于“伟大的冒险”的书，关于“深海的奥德赛”。感谢海洋学研究所所长罗伯特·卡尔卡诺、阿尔贝一世基金会以及亲王的信任和支持，感谢穆瓦塞，感谢阿韦龙省议会和斯卡潘德博物馆的热烈欢迎。感谢 CEPHISMER 公司的卡洛琳·拉莫特，感谢她的建议，以及为我提供的宝贵文件。最后还要感谢菲利普·菲特的杰出贡献，以及“神庙”的摄影部分。

——米歇尔·维奥特

我的父母给了我自由发挥的空间。一种比集邮更麻烦的激情。但它比收集邮票更重要。感谢菲利普·卢梭、恩里科· 波尔菲里奥诺，更感激让·帕特里克·帕苏拉，他邀请我深入了解潜水设备及其历史。感谢洛朗·巴勒斯塔、爱丽丝·莫多洛、雅克·鲁杰里和弗朗索瓦·萨拉诺，因为他们，我感受到自己所做之事的价值，更唤起了对海洋的敬畏。致所有寻找、创新和与我对话的人。我们致力保护地球，并承诺避免在陆地上犯下在深海发生的错误。我们理解和尊重对方，因为我们共同生活在这个星球上。地球本身就是本世纪的巨大挑战。海洋更是一所伟大的学校。

——奥利维耶·迪福尔诺

著作权合同登记号：图字 01-2022-5100
审图号：GS 京（2023）0595 号

图书在版编目（CIP）数据

深海探秘：过去走向未来的史诗 /（法）米歇尔·维奥特 (Michel Viotte)，（法），奥利维耶·迪富尔诺 (Olivier Dufourneaud) 著；冯倩萍，林毓铃译. -- 北京：中译出版社，2023.5

ISBN 978-7-5001-7281-9

Ⅰ. ①深… Ⅱ. ①米… ②奥… ③冯… ④林… Ⅲ. ①深海－探险－普及读物 Ⅳ. ① P72-49

中国国家版本馆 CIP 数据核字 (2023) 第 002229 号

深海探秘：过去走向未来的史诗
SHENHAI TANMI：GUOQU ZOUXIANG WEILAI DE SHISHI

作　　者　[法] 米歇尔·维奥特 / [法] 奥利维耶·迪富尔诺
译　　者　冯倩萍　林毓铃
策划编辑　温晓芳　周晓宇
责任编辑　温晓芳
营销编辑　梁　燕
装帧设计　远·顾　单 勇
地　　址　北京市西城区新街口外大街 28 号普天德胜主楼四层
电　　话　(010) 68002926
邮　　编　100088
电子邮箱　book@ctph.com.cn
网　　址　http://www.ctph.com.cn
印　　刷　北京盛通印刷股份有限公司
经　　销　新华书店
规　　格　880mm × 1230mm 1/16
印　　张　14
字　　数　120 千字
版　　次　2023 年 5 月第 1 版
印　　次　2023 年 5 月第 1 次

I S B N　978-7-5001-7281-9
定　　价　119.00 元

中　译　出　版　社